山羊さん除草隊

～「環農資源」とは～

渡辺　祥二

まつお出版

一頭でも山羊を飼育する場合は、家畜伝染病予防法に基づき、飼育している頭数と飼養に関わる衛生管理情報について、報告書を各都道府県の家畜保健衛生所に毎年提出しなければなりません。

（農林水産省：家畜伝染病予防法）

除草目的で、山羊を貸し出す場合には、営利・非営利であっても、動物取扱業の登録・届出は必要ありません。しかし、山羊で除草していることが、除草以外の目的になる、例えば、山羊とふれ合うことができると判断された場合、営利目的であれば、各都道府県知事、または政令指定都市の長に対し、第一種動物取扱業の「登録」が必要となります。非営利で、かつ三頭以上の山羊を飼育している場合は、第二種動物取扱業の「届出」が必要です。

（環境省：動物愛護管理法）

フェイスブックやインスタグラムなどＳＮＳによる情報発信が当たり前となった今、本来の目的が「山羊除草」であっても、除草以外の目的に利用されることも考えられます。山羊の飼育を考えている方、山羊除草に興味がある方は、各都道府県や政令指定都市の所轄機関（保健所や家畜保健衛生所）に相談することをお勧めします。右記以外の法律や条例が関係する場合もありますし、法改正など新たな情報を得ることができます。

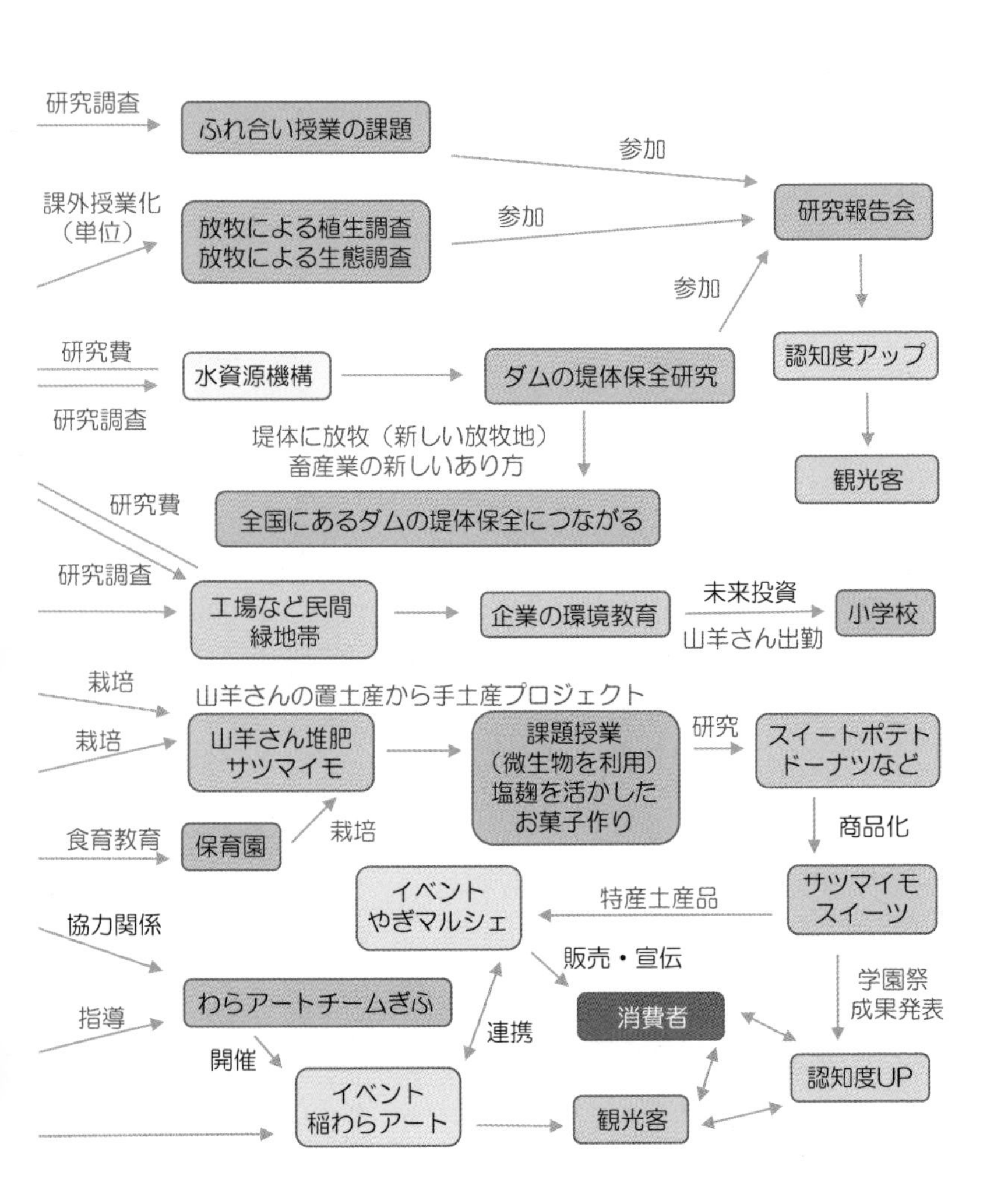

研究調査
ふれ合い授業の課題
参加
課外授業化
（単位）
放牧による植生調査
放牧による生態調査
参加
研究報告会
参加
研究費
水資源機構
ダムの堤体保全研究
認知度アップ
研究調査
堤体に放牧（新しい放牧地）
畜産業の新しいあり方
観光客
研究費
全国にあるダムの堤体保全につながる
研究調査
工場など民間
緑地帯
企業の環境教育
未来投資
山羊さん出勤
小学校
栽培
山羊さんの置土産から手土産プロジェクト
栽培
山羊さん堆肥
サツマイモ
課題授業
（微生物を利用）
塩麹を活かした
お菓子作り
研究
スイートポテト
ドーナツなど
食育教育
保育園
栽培
商品化
イベント
やぎマルシェ
特産土産品
サツマイモ
スイーツ
協力関係
販売・宣伝
学園祭
成果発表
わらアートチームぎふ
消費者
指導
連携
開催
イベント
稲わらアート
観光客
認知度UP

山羊さん除草隊 相関図

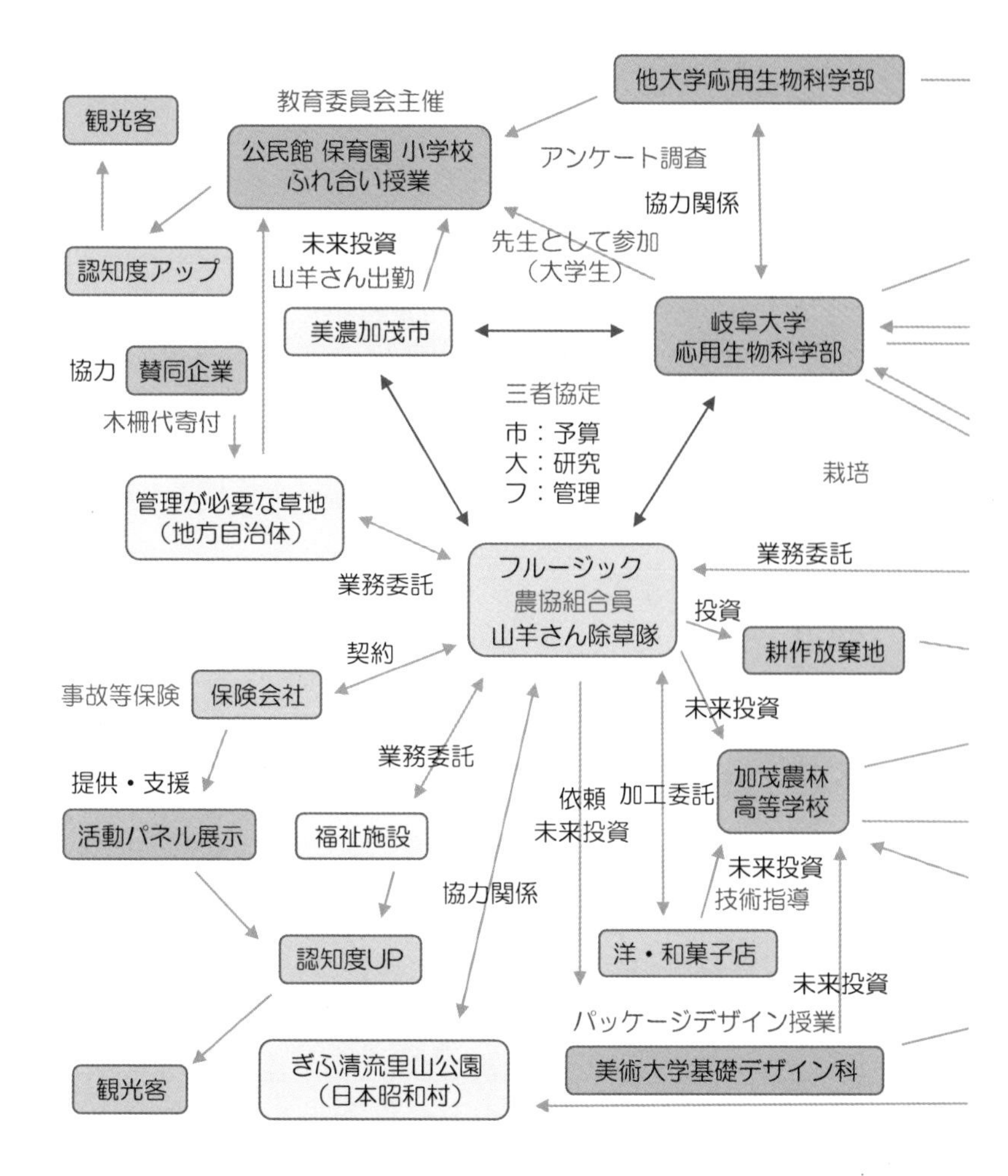

他大学応用生物科学部
教育委員会主催
観光客
公民館 保育園 小学校
ふれ合い授業
アンケート調査
協力関係
未来投資
山羊さん出勤
先生として参加
（大学生）
認知度アップ
美濃加茂市
岐阜大学
応用生物科学部
協力
賛同企業
三者協定
市：予算
大：研究
フ：管理
木柵代寄付
栽培
管理が必要な草地
（地方自治体）
業務委託
フルージック
農協組合員
山羊さん除草隊
業務委託
投資
耕作放棄地
契約
事故等保険
保険会社
未来投資
業務委託
提供・支援
依頼
加工委託
加茂農林
高等学校
活動パネル展示
福祉施設
未来投資
未来投資
技術指導
協力関係
認知度UP
洋・和菓子店
未来投資
パッケージデザイン授業
観光客
ぎふ清流里山公園
（日本昭和村）
美術大学基礎デザイン科

目次

プロローグ

「そろそろ、帰るぞっ」

西日を眩しく感じる「さくら広場」という公園の土手下から、私の親父は、おいしそうに草を食む山羊さんたちに向かって、いつも通り、同じフレーズを叫びました。するど、山羊さんたちは、「待ってました」とばかりに、「ダァーッ」と音を立て、一目散に斜面を駆け下りてきます。同時に、「うわぁあ」と、その光景に驚いた見物人たちの歓声が沸き起こり、「ダァーッ」と「うわぁあ」は入り混じり、辺り一面に響き渡ります。

二〇一〇年三月のある日、二頭の子山羊が、私たちが管理を任された銀杏畑にやってきました。これが「山羊さん除草隊」の始まりです。その半年後、関東から七頭の子山羊と雄山羊が仲間になりました。私たちは山羊さんたちの出産を経験しながら、お互いの信頼関係を築いていきました。

幸運にも、私の同級生の親父さんが、大型動物の獣医さんだったこともあり、病気や予防注射、出産などの面倒を見てくれたこともあり、今では六十頭ほどの山羊さん

山羊さん除草隊

たちと美濃加茂市で一緒に生活をしています。

　私は、そんな山羊さんたちが除草業務を終え、トラックの荷台に次々と飛び乗ってくるのを待つのですが、その法面を駆け下りてくる瞬間が大好きで、その都度、「山羊さん除草隊」を組織して良かったと思うのです。

　いつも元気で生活している山羊さんたちがいること、山羊さんたちが健康であるように、毎日世話をしている親父たち仲間がいること、そして、「山羊さん除草隊」を受入れてくれる方々がいることで、私は、その瞬間の喜びを噛み締めることができているのです。

　一方で、家畜伝染病という問題を無視することはできず、人間が動物の命を頂くことが続く限り、経済動物という概念と動物福祉の綱引きは続きます。偉そうなことを言っているものの、私自身は農学を学んだ経験はなく、特に獣医学という根本を知りません。そうした分野を学んできた中学時代に知り合った大切な同級生からの厳しい言葉で、「山羊さん除草隊」は常に死と隣り合わせで存在していることに気付きました。理想と現実、つまり、ただただ理想だけを追い求めてきた私に欠けていた死という現実を受け入れる覚悟ができたのです。

第一章　山羊さん除草隊

一、パートナーの誕生

二〇〇六年八月、私は、雨季独特のスコールが降るベトナムを、ある団体旅行の一人として訪れていました。私にとって、今回が二回目のベトナム旅行だったので、前回とは違い、初めての異国の地に踏み入れている緊張感や興奮はなく、少しばかり気持ちに余裕をもって観光をしていました。

ガイドブックに書かれているような、その地域のおすすめスポットや名所は、一回目の旅行で行っていたので、今回はややマニアックな視点で、ベトナムという国を感じたいという思いがありました。

当時、日本政府が、ベトナム政府に対し、円借款を供与していたせいもあり、ベトナムでは高速道路などのインフラ整備が盛んに行われていました。驚いたのは、そうした現場で使われていた建設機械のボディやアームには、日本の企業名が消されることなく、そのままの状態で使用されていたことです。

長い間、建設業に従事していたので、そういった建設作業現場に自然と目がいったのでしょう。とはいえ、南国ムードたっぷりの地で、〇〇建設と書かれた建設機械が、元気良く音を立てながらフル稼働しているのを見れば、同じ日本人なら誰もが目を止めることだと思います。

皮肉にも、それらの建設機械の大半は、当時の日本では建設機械の排ガス規制が年々厳しくなったことで、公共工事現場では使用できなくなったものでした。その現場を見た私は、日本で規制しても海外で使用されていれば、地球にとっては同じこと、グローバル化に対する理想と現実を垣間見た、何ともすっきりしない心境になったことを覚えています。

団体一行を乗せたバスは、予定の目的地へ向かって走り続けていました。道路脇の排水設備がしっかり整備された都市から抜け出すと、小さな町へとつながっている、路肩は土のまま、簡易舗装だけがされている道路を、大型の観光バスは勢いよく走り続けました。

私は、しばらく心地良い揺れに誘われ眠っていました。すると、事故なのか、何かのトラブルで道路は少しばかり渋滞したようで、私は、心配する乗客の話声で目を覚ましました。

何となくバスの窓から外を見ると、日本では考えられないような光景が目に飛び込んできました。渋滞のため、バスが一時的に停車している道路は、盛土され作られていました。その盛土された法面は、日本と同じように青々と緑に覆われていました。次の瞬間、目を疑いました。なんと、その緑に覆われた斜面には大きな牛が十数頭いたのです。鎖やロープで縛られているわけでもなく、ごく普通に放牧されていたのです。バスの窓、限られた視界であったものの、私は、身を乗り出し、さらに見下ろしてみると、土手の中腹で腰を掛けている牛飼いらしき人物を発見しました。

私は、「なるほどなぁ」と感心しました。法面の草刈りをするくらいなら、草食動物に食べてもらえばいい。牛飼いさんにとって、餌代をうかせることができます。

逆に、管理する方からみれば、草刈りをする憂鬱な仕事から解放されます。一石二鳥とは、まさにこういったことだと思いました。

二酸化炭素をバンバン排出しながら近代化し、温暖化という環境問題から排ガス規制を強化し始めていた日本から来た私は、この放牧のあり方を新鮮に感じました。

しかし、このやり方を日本で提案しても、安全上の問題から、なかなか受け入れられないだろうと、すぐに自分自身の中で結論付けました。

二〇〇五年に農業生産法人を設立し、環境に配慮した農業を目指そうと二〇〇七年奥飛騨で温泉ハウスをオープンした私たちは、各メディアからの取材をいくつか受けていました。

　そんな中、二〇〇九年、某テレビ局から「異業種参入の実態」ということで、取材依頼を受けました。元々、建設業から農業分野に参入していたので、当初は、こうした形で情報発信することが多々ありました。

　他に取材された建設会社は、どんな想いで異業種へ参入し、どんな形のビジネスを成立させているのだろうと、私は、放映をとても楽しみにしていました。

　テレビの画面から、いくつか取材先の状況が紹介されていきました。すると、私は、思わず「あっ」と声を出し、画面に食い入るように見たものがありました。

　それは、たしか九州の会社だったと記憶しています。住宅街の中にある荒れ地に、山羊をレンタルするという内容でした。面白いことを考える人がいるなぁと感心すると共に、ベトナムでの光景がフラッシュバックしました。

　こんなサービスがあればいいなぁと思うことはあっても、それを実際に実践するには、いくつかハードルがあるものです。さらに、ボランティアであればできることも、ビジネスとして継続させるとなると、それらのハードルは一気に跳ね上がります。

　除草業務として請け負った場合、どのような金額設定をしているのかなど、とても気になりましたが、まずは、奥飛騨での温泉農業を確立させることが最優先課題だったので、当時の私は、自ら取り組もうとは考えませんでした。

しかし、放送から数日後、思いもよらず、一緒に働く仲間から「山羊を飼いたい」と言われました。

私たちは、農業生産法人を設立する前の二〇〇四年から、岐阜県美濃加茂市でアセロラ栽培をしていました。そのビニールハウスに隣接する銀杏畑の管理を、二〇〇九年から任されていました。

その銀杏畑の地主が高齢となり、ご子息も仕事の都合で岐阜県外に住んでいたため、管理が行き届かなくなっていました。周りに迷惑をかけると苦にしていた地主を見て、その仲間が草の管理ができないかと、私に相談してきたのが管理するきっかけです。

銀杏を頂く代わりに、およそ六〇〇平方メートルある、銀杏畑の管理をするという条件でした。やったことのない銀杏作りに興味はありました。しかし、私は、草の管理と銀杏の収入を両天秤にかけ、ビジネスとして成立するのかと迷いました。

そこで、その草の管理を山羊に任せてみようという提案へとつながったわけです。

その仲間は、大の動物好きだったので、もし、山羊がいれば、毎日仕事に来るのが楽しくなると、私に熱っぽく訴えてきました。

私は、そういう視点もあるのかと思い、草の管理だけを見るのではなく、働く人の仕事へのモチベーションが高まるのであれば、やってみる価値があるのではないかと考えました。すぐに、その旨を私の親父に相談すると、全く予想していなかった厳しい言葉が返ってきました。

生き物を飼うことがどれだけ大変なことなのか、さらに続けて、三六五日しっかり面倒をみることができるのかと言われました。考えてみれば、極々当たり前のことです。

ふと、我に返った私は、後先考えず、動物を利用しようとしていた自分を情けなく思い、しばらく、山羊を飼うことをすっかり忘れていました。

二〇一〇年、春の日差しを温かく感じるある日の午後、山羊を飼うことに反対していた親父が、どこからか二頭の子山羊を譲り受けてきました。

大人になった山羊は見たことがあったものの、子山羊は初めてのこと、その可愛らしい姿や仕草の一つ一つに、私たちの心は瞬時に奪われました。そこで、笑顔にさせる子山羊たちに、私はある可能性を感じました。

単に草を食べてもらう道具ではない、一緒に生活することで、「私たちの心を満たす力」を秘めていると思いました。その可能性を、イメージしやすい形で発信できれ

のどかな放牧

銀杏畑の中で

ば、山羊に草を食べてもらうビジネスが成立するのではないか、そう思ったのです。

とはいえ、山羊だけで草の管理ができるだろうか。易々と人間の思い通りに、山羊たちが動いてくれるだろうか、不安はありました。しかし、その不安を払拭したのは、子山羊たちの可愛らしさ、前述した「私たちの心を満たす力」でした。

ビジネス化するためのヒントが、そこにあるのではないかと思い、とにかく山羊除草の実績を積まないと先へ進まないと思いました。

山羊が逃げ出さないように、親父は、管理する銀杏畑に柵作りに取り掛かりました。その柵は、日を追うごとに出来上がっていき、子山羊たちは、柵の中を嬉しそうに、私たちとじゃれ合いながら、元気よく走り回るようになっていきました。

そうした姿を見て、山羊にも性格があるものの、基本的に人懐こい動物なんだと分かり、私は、子山羊たちに癒されていると感じるようになっていきました。

親父が、朝晩のご飯や寝床の掃除など世話をしているので、親父と子山羊たち、人間と山羊の信頼関係が、日に日に築かれていると確信するようになりました。

そして、子山羊たちと接すると、私の心はいつも穏やかになっていることに気づきました。

やがて、私は、山羊は私たちの「パートナー」なんだと思うようになり、それ以降、

「山羊」ではなく、「山羊さん」と呼ぶようになりました。

　子山羊さんは、半年もすると立派な体をした「山羊さん」へと成長していました。食べる草の量も次第に多くなる一方、当たり前のことですが、好きな草と嫌いな草といったように、嗜好性があることも分かってきました。

　二頭の子山羊さんが銀杏畑に来て一か月後、これから二頭の山羊さんで管理できるのか、新たな挑戦は始まりました。一日どれくらいの面積の草、量を食べるのか、とても興味深く見守ることにしました。

　五月から七月といった銀杏畑の雑草の成長期、まだ子山羊さんだったこともあり、一年目の除草結果は参考にもならないと割り切っていました。ただ、その結果から、個体差はあるものの、今後の予測ができるのではないかと考えていました。

　また、草を刈り取って「燃やす」のではなく「食べる」ことで、二酸化炭素排出も抑えられます。草を食べた山羊さんの糞尿は、銀杏畑の肥料となります。つまり、循環が成立するのです。

　私は、この循環こそ「山羊さん除草隊」というビジネスが成立する大きなポイントになると思いました。そのため、単に除草費用だけで営業するのではなく、循環を意識した提案をすることに努めました。

なぜなら、どこでも何でも買える時代、環境を意識することで差別化を望む企業にとっては、とても新鮮に映るのではないか、そう思ったからです。つまり、リサイクルという言葉が定着したように、循環という言葉は、環境配慮に欠かせないキーワードであり、必ず受け入れられると思ったからです。

では、一年目の除草成果はどうだったのか。実際には、約六〇〇平方メートルという大きな面積に二頭では、人間がサポートする必要がありました。

好んでよく食べる草もあれば、臭いを嗅ぐだけで全く口にしない草もあり、人間と同じように、山羊さんにも嗜好性がありました。さらに、二頭それぞれの嗜好性も違っていたので、個体差があることも分かりました。

当時の私は、山羊さんだけで除草してもらうことは可能だと考えたものの、ある程度、人間がサポートする必要があると思いました。サポートするという言葉が適切な表現かどうかは別として、山羊さんと人間が一緒に作業する方が、効率が良いと思ったのです。

二〇一一年の六月だったと記憶しています。美濃加茂インターを降りた私は、美濃加茂市内で買い物をするつもりだったので、いつもと違ったルートを車で走っていました。

普段は、東海北陸自動車道は使わず、奥飛騨と美濃加茂を南北に走る国道四十一号線を行き来していたのに、この日は、なぜかこの東海北陸自動車道を走り、新興住宅と工場が並ぶ団地を通る道を選択していました。

すると、美濃加茂インターを降りて三分程の道路脇で、蔓の葉を刈っている作業員を見つけました。道路を横断するほど蔓が伸びていたのです。私は、作業している人を見て、見覚えのある人だと思ったので、十分すれ違いできる車道の路肩に車を止め、足早に歩み寄りました。

すると、その人は、建設業時代にお世話になった、美濃加茂市役所に勤務する土木技師でした。

ここの場所は急傾斜地であり、作業車両や重機類も近寄れないことから、除草業務は人力作業となり、草刈り費用が嵩んでしまうことを聞きました。

開発事業が盛んにあった頃とは違い、今は、公共事業費が減少、限られた予算の中で維持管理業務が課題となっていること、その費用が年々増えてきている現実が見えてきました。

実は、私もそうした理由、つまり、公共事業が減少していくだろうという予測から、建設業から農業へ参入していたので、すぐにその現状を受け止めることができました。

そこで私は、「山羊さんに手伝ってもらったらどうか」と、その土木技師に思い切って提案してみました。続けて、銀杏畑を山羊さんたちと管理していることを話していくと、とても興味深く聞いてくれました。

刈られた草を燃やしてしまえば二酸化炭素を排出してしまう、廃棄物扱いされる草を食べてもらえば循環が生まれます。この仕組みは、時代に合っていると、彼は理解してくれました。加えて、維持管理費用も抑制できれば、税金を使って管理する立場として、とてもありがたいことだと言いました。

さらに、「自分の一存だけでは決められないので、実証実験という形で、山羊さんによる除草ができないか、上司と相談をしてみる」と言いました。

山羊さんが管理する、決して冗談ではなかったものの、やったことがない提案に対し、聞く耳を持ってくれたことに、正直なところ驚きました。ただ、時代は確実に変化していることを実感し、私は、その場を離れました。

それから数週間後の七月半ば、費用が発生しない形で、山羊さん除草の実証実験が、美濃加茂市中部に位置する「さくら広場」という調整池を兼ねた美濃加茂市が所有する公園で、一か月ほど行われることになりました。

この「さくら広場」は、開発工事に伴い、大水の行き場を確保するために必要な調

さくら広場での実証実験

整池ですが、普段は市民の憩いの場所となるよう、さまざまな桜の木が植わっています。ただ、あくまで調整池なので、広場の形状はすり鉢状です。つまり、平らな部分はほとんどなく、急傾斜の法面が主となった公園です。

実証実験として、「さくら広場」の急傾斜地に派遣された山羊さんは、二頭でした。二頭の山羊さんが、どのように草を食べるのか、山羊さんたちの糞尿は気になるのか、市民の受け止め方はどうなのか、確認する必要がありました。

市有地に山羊さんが放たれるのですから、当然、市民の方々のご意見が、最も大切なこと、私も美濃加茂市の担当者も、その反応に注目していました。

すると、意外にも市に寄せられた反応は良く、「もっとやったらどうか」との声が届いていると、担当者から聞かされたときは、本当に嬉しく、興奮して胸が高まりました。

新聞記事に掲載された画像、その文面が前向きな捉え方がされていたことが、市民に理解される要因の一つになったのだと考えています。

二酸化炭素を排出しない、循環型の社会をどう実現していくのか、法面作業は高齢者にも危険であり、急傾斜地が得意な山羊さんであれば、草の処理費はかからず、一石二鳥だと受け入れられたのです。

また、ここは住宅や老人ホームが隣接していて、小さなお子さんがいるお母さんたち、ホームに入所している方々から、散歩コースになると喜ばれました。

こうした反応は、当初の私にとっては予想外のこと、そのような視点で声をかけられたことで、山羊さんの除草の魅力は、人それぞれあることに気付きました。

そして、そうした魅力を育てていけば、可能性はもっと広がるのではないかと思い、私は、「山羊さん除草隊」と命名し、第一種動物取扱業の貸出し、展示の登録を済ませ、活動を続けていく決意をしました。

その後、美濃加茂市民のご理解もあり、実証実験終了後には、正式に契約をすることになり、二頭だけの「山羊さん除草隊」は、あれよあれよという間に本格的に動き出しました。

二、山羊さんの魅力

山羊さんが公園の草を食べる、インパクトがあったのか、翌年には、たくさんの取材がありました。そのおかげで、美濃加茂市民だけではなく、市外あるいは、岐阜県外から足を運んでくれる方々が増えていきました。

動物が好きだというある中年女性は、「癒されるぅ」と言葉を発しながら、小走りに山羊さんたちのところにやってきます。お年寄りの方たちからは、「子供の頃、山羊の乳を飲んで育った」と、必ずといっていいほど言われます。

さらに、小さな子供を連れてきたお母さんは、「近くに動物園ができたみたいで、なんだか得した気分。それに子供にとって良い環境です」と、ニコニコしながら話しかけてくれます。

お母さんが言った「子供にとって良い環境」ということを裏付けるように、ある日、岐阜県各務原市役所の子育て支援課の方々が、山羊さんたちが活動する「さくら広場」に訪ねてきました。

その方々は、「保育園内の草刈りもありますが、それよりも園児たちの情操教育につながると考えています」と、私たちに話してくれました。

　私は、教育者ではないので、自ら情操教育という言葉を用いることはありませんが、子育てに関するお仕事をしている方々から、そうした言葉を投げかけられると、私自身がそう感じていたことに自信を持たせてくれます。

　一昔前は、学校に鳥やウサギなど小動物が当たり前のようにいて、生き物の世話係がいたことを思い出すと、動物と接することが情操教育に通じると考えるのに合点がいきます。

　帰り際に、各務原市が運営する保育園に「山羊さん除草隊」が出勤できるかどうかの検討をしたいと言い残し、「さくら広場」を去っていきました。

　後日、私は、その保育園を見に行きました。その保育園は、美濃加茂市から車で四十分ほどのところに位置し、木曽川の堤防道路沿いにある自然豊かで、とても長閑な場所でした。

　話を伺っていたイメージ通りの保育園でした。ここなら山羊さんたちの魅力が発揮できるし、何より園児たちも喜んでくれると確信した私は、その申し出を快諾することにしました。

　私は、私たちのパートナーである山羊さんたちが、必要とされたことに素直に感激し、保育園という新たな可能性の場所を与えて下さったことに深く感謝しました。

それから毎年、その保育園から「山羊さん除草隊」に出勤依頼があり、園内の雑草を食べるという仕事を任されています。敷地に生えた雑草を食べることはもちろんですが、園児たちとふれ合うことも山羊さんたちの大切な仕事です。

美濃加茂市を中心とした、こうした「山羊さん除草隊」の活動がメディアに露出したことで、今度は、美濃加茂市の隣にある可児市にある帷子公民館から問い合わせがありました。

私は、すぐに時間を調整し、公民館の館長さん、所長さんと話をすることにしました。実際に現地に行ってみると、そこは急な斜面に囲まれ、小高い丘に公民館と図書館が並んで建っていて、一種の要塞みたいなところでした。

要塞と言う表現は適切ではありませんが、所々岩肌が露出している斜面に生える雑草を食べるのが、「山羊さん除草隊」の仕事だとすぐに理解できました。

ところが、館長さんと所長さんの話を聞くと、雑草を食べることより、山羊さんたちが出勤することで、公民館に来てくれる方々が喜び、結果として、公民館や図書館の利用率が上がるのではないかと聞かされた時は、本当に驚きました。

さらに、公民館では乳幼児学級や子供たちが参加する教室などが毎月行われているので、子供たちに山羊さんたちとふれ合う機会が生まれれば、情操教育になるのではないかと熱い想いを聞かされました。

私は、再び情操教育という言葉を聞き、断定できないまでも、山羊さんの活動は、今の時代に必要とされ、求められていると思いました。私は、館長や所長の「山羊さん除草隊」を、地域の一員として受け入れたいという想いに深く感動しました。

帷子公民館がある急な法面の一部を愛知県名古屋市に本社を構える企業が所有している縁もあり、山羊さんが放牧されるのに必要な木柵の材料費は、その企業から寄付されることになりました。

そのため、山羊さんたちは、ロープで固定されることなく、それぞれ気の合った山羊さん同士、木柵内を自由に動き回れることになりました。

私が、要塞だと感じていた場所は、山羊さんたちが草を食む風景を手に入れ、温もりを感じられる場所に生まれ変わりました。

緑一面の中で、動き回る小さな白い山羊さんたちに魅了され、帷子公民館に足を運んで下さる方々も多くなってきていると聞き、私は、「山羊さん除草隊」の魅力を再確認することになりました。

さらに、山羊さんによる除草活動が行われている「さくら広場」のすぐそばで、車

帷子公民館の法面で活躍する山羊さん除草隊

や飛行機など安全をより要求される部品に必要な材料、冷間圧造用鋼線を主に生産する名北工業株式会社という企業から問い合わせがありました。その工場には、法律で定められた広大な緑地帯が存在しています。

毎年、その緑地帯に生える雑草を人力で草刈りをしていたため、経費削減と環境配慮という二つの視点から相談がありました。

事務所で打ち合わせをしていると、担当者から、「工場は、新興住宅地の中にあり、小学校の通学路にも面しているので、地域の方々との距離感を大切にしたい」と言われました。

私は、心の中で「ようやくこの時がきた」という気持ちになり、少々興奮してしまいました。なぜなら、「棲み分けと共存」をテーマに、近い将来、工場の中に農場ができる時代が来ることを、あるブログで書いていたことがあったからです。

高度成長期には、人が住む場所と働く工場とは、騒音などの問題から別の場所であることが望ましく、それが一般的な考え方でした。

しかし、これからは温暖化といった環境問題が浮き彫りになっていくことで、環境に配慮することが企業の使命となり、工場で生まれる二次エネルギーの再利用、循環を意識して環境負荷を減らすことなど、棲み分けから共存共生へと変わっていくだろうと考えていたからです。

言い換えれば、企業が存続していくには、自立した経済活動だけに目を配るのではなく、地球環境への取組みがキーワードになってくると考えていました。特に、環境負荷を顧みず経済発展を遂げた日本だからこそ、求められるテーマだと考えていました。

企業にとって、工場にとって、地域住民との距離を大切にすることは、会社の方針を理解して頂くことにつながります。当然なことですが、企業や工場も地域社会の一部であり、「山羊さん除草隊」もその一部として認識されれば嬉しいです。

そうした企業の外への意識も手伝って「山羊さん除草隊」は、受入れられたのですが、ある日、その工場の担当者から、嬉しい言葉を聞くことになりました。

それは、工場で働く従業員から「工場から山羊さんたちが草を食べている姿を見ると癒される」といった意見でした。

アニマルセラピーという言葉を耳にするように、動物には癒し効果があると言われています。実際、私たちも実感していました。ただ、山羊さんをロープでつなぎ、移動範囲を制限する際は、何だか後ろめたさに似た感情がありました。

そのため、「山羊さん除草隊」への依頼がある場合は、木柵を設置してもらうことを大前提として話をするようにしています。人間同様、山羊さん同士も気の合う、合わないがあります。私たちと何ら変わらないからです。

こうして、工場の中に牧場が作られていくのですが、木柵は、できるだけ地元の間伐材を使用するとお伝えします。そのため、杭や板が不揃いのものがあり、見た目が悪くなることもありますが、それでも、地元の木を使うことで、地域の森林が少しでも整備されることを目的としていると付け加えます。

そうした想いや願いを説明すると、理解を示してくれ、「山羊さん除草隊」にとって、のびのびと仕事ができる環境が整っていくのです。

今では、「山羊さん除草隊」がきっかけで、日本を代表する大手タイヤメーカーが行う環境教育へとつながっています。

ここ最近よく耳にしてきた言葉ですが、企業の社会的責任（CSR：Corporate Social Responsibility）は、もはや当たり前のことになっています。今後は、企業が社会的課題を共有し、その解決に取組むこと（CSV：Creating Shared Value）に力が注がれることになるでしょう。

つまり、社会的責任を意味のあるものにするには、単に慈善活動などを通して、社会貢献するのではなく、共通の想い、共有できる価値観の中で、持続できる経済活動につなげていくことだと思います。

実際のところ、私にとって「山羊さん除草隊」には、そんな想いが込められています。

私が偉そうに言えることではありませんが、山羊さんが草を食べる行為そのものは、人間にとって直接的に価値がないことでも、地球上の生命の営みに欠かせないことであり、人間が今後も生き続けることにつながっている、とても大きな意味を持っているのです。

成熟した思想を持った人たちや企業が「山羊さん除草隊」を理解し、契約を結んでくれることで、今後の私たちが進むべき道が、しっかりと照らされていると思います。それらを裏付けるように、企業からの「山羊さん除草隊」への依頼が、年々増えています。

それにつれて、二〇一三年頃には、隊員が二十頭ほどになっていました。

三、三者の覚書

山羊さんたちが出勤するという響き、山羊さんたちがトラックに乗り込み、依頼のあった場所に行き、雑草を食べるという業務を全うし、夕方には帰宅するといった一連の流れが、まるで自分たちの生活と重なり合い、「山羊さん除草隊」は、地域の方々に親近感を抱かせている一つの要因ではないかと思います。

私には、山羊さんが、単に草を食べる動物（道具）だという認識はありません。耕作放棄地の解消に役立つからという理由だけで、山羊さんを導入している、導入しようとしている話を聞くと、その先に何を考えているのかを聞きたくなります。

なぜなら、その先に未来がなければ、あまりにも人間中心な考え方で、単に動植物を支配しようとしてきたやり方です。それは、私自身が建設業時代、その先を全く意識することなく作業してきたことに通じ、今も悔やまれていることだからです。

私は、大学を卒業後、建設業の技術者として働いていました。人間社会がより充実するため、あるいは自身の給料を稼ぎ、家族を養うための手段として、住宅団地や都市公園などの開発を続けていました。もちろん、そうした開発行為そのものを否定しているわけではありません。

人間側の理由で動植物を追い出した挙句、開発した場所が維持できない、有効に活用しきれていない場所もあります。このまま耕作を止めてしまう農地、管理の行き届かない緑地や遊休地が増えれば、里山は荒れてしまい、景観の悪化や獣害の拡大、生物多様性の減少などが危惧されます。

そういった危惧される場所があれば、積極的にその活用方法を所有者に提案し、一緒に活用方法を模索していくことが大切ではないかと考えます。

二〇一三年九月、岐阜大学（国立大学法人）応用生物科学部、美濃加茂市と私たち農業生産法人「フルージック」との間で、山羊除草の効果を検証する、三者の覚書が締結され、岐阜県が美濃加茂市内に所有する広大な都市公園の一部を借り、山羊さんの放牧実験がスタートしました。

この覚書の目的は、山羊さんを放牧させることで、環境に配慮した土地の除草や管理方法を調査、研究することです。つまり、五年間放牧することで植生がどのように変わっていくのか、同時に、山羊さんの生態調査を続け、ある一定のデータを集積し、それを今後の維持管理に役立てるというものです。

産学官による覚書が締結されてスタートしたこの研究は、補助や助成事業ではなく、

岐阜大学による植生調査

あくまで除草業務の範囲内で行われていたため、お互いできることで連携した形が生まれていきました。

例えば、美濃加茂市は研究フィールドの提供や三者間の調整、岐阜大学は研究調査、私たちフルージックは、放牧された山羊さんの体調管理や木柵などの点検管理といった感じです。

この研究報告は、毎年行われます。ただ、一年で画期的な成果と報告ができるわけではなく、五年間積重ねることで、ようやく成果が見えてくるものだと、研究をスタートさせた当初は、そのように考えていました。しかし、研究の三年目となると、土壌の変化や植生の変化が著しく表れ、現場サイドとしては、羊羹を切った断面のように明白な結果は出ないものの、内容が伴う研究であることに自信を深めていきました。

研究成果が出始めたことで、起業家として参加させて頂いている私は、この成果をどのような手法で地域に還元していくのかを意識し始めるようになり、徐々に頭を悩ませるきっかけになっていきました。

覚書には記載されていませんが、締結された目的の最終ゴールは、維持業務から生産事業、新しい産業を創出することにつなげることです。

例えば、山羊さんに関連した特産品を作ることであり、美濃加茂市が掲げる「里山千年構想」の中で、どのように進めていくのかなど、放牧による直接的な研究だけではなく、間接的なつながりを考えることも私たちの共通な認識でした。

とはいえ、知名度があるとは言えない美濃加茂市で、特産品を生み出すにはハードルが高いです。だからこそ、山羊さんの活動が里山再生につながること、再生された里山や農地などで農業を再興し、山羊さんつながりで特産品を作っていくことに力を入れることにしたのです。

また、山羊さんが山に放牧されている風景には、長閑さがあります。さらに、人懐っこい山羊さんたちに魅了され、会いに来る人々がいます。

つまり、山羊さんがいる風景は、新たな観光資源となる要素があり、人が集まることで次の展開が見えてきます。こうしたつながりが生まれ、そして、繰り返されることで、初めて知名度の低い美濃加茂市の特産品作りへの挑戦がスタートできると考えていました。

三者で締結された覚書には、文言として記されていないですが、深い、かなり深い意味が隠されていたのです。

四、盗難事件

岐阜大学と美濃加茂市、私たちフルージックとの三者の覚書に沿って、現場での研究調査の一年目は、大きな事故もなく無事終わらせることができました。調査に基づいた研究成果発表が、岐阜大学の先生及び学生から発表されました。

ここで、簡単に調査の方法を説明します。まず同等条件の調査区域を二つ用意します。その二つの区域に、山羊さんたちをそれぞれ振り分けます。面積に対して何頭の山羊さんを放牧させるか、つまり、放牧圧の違いにより生じるデータを測定していきます。

春から秋にかけて、学生たちは、五月、八月と十月にそれぞれ二週間ずつ草量の変化を調査し、同時に山羊さんの体重変化や栄養バランスを調べることで、より良い放牧圧を見つけていきます。

単年ではなく、同じ場所、同じ条件で五年間継続した理由は、植生が変化していくことが予想され、毎年同じ研究調査を続ける必要があると考えたからです。

こうしたデータから、緑地を維持する目安が生まれます。その目安を数値化することが、今回の研究目的の第一ステップでした。その後、数値化された目安をどのように活用していくのか、さらには、緑を取り戻した場所の活用方法も考えていくことが大切で、こうした課題は、どの地域も抱える共通するものです。

一年目の調査結果では、調査対象とした二つの区域共に緑が維持されました。しかし、竹や笹を食べるまでには至らなかったという報告がありました。

この時点で、竹や笹の成長を抑制することは、正直なところ難しいのかなという心配が残りました。

一回目の研究成果報告会から二ヶ月程が経ち、青々とした若葉に覆われ始めた研究フィールドに、山羊さんたちは再び放牧されました。一年目と同条件による研究の二年目がスタートしました。

昼過ぎから深夜未明まで激しく雨が降り続いた翌朝、私の携帯に一本の電話がありました。調査研究している学生からでした。「渡辺さん、山羊が二頭いない。首輪だけが残されている」、私は、電話越しからも明らかに動揺していることが、かすかに震えた声のトーンから感じました。

私は、急いで現場に駆けつけました。現地に着くと、電話で報告があった通り、二頭の山羊さんが盗難されたことを理解しました。

車で現地へ向かう道中、牧柵から抜け出しただけであってほしいと願っていましたが、学生たちの説明通り、二頭が付けていた首輪がそれぞれ外され、山羊小屋に丁寧にも二つ並べて置かれていたのを見て、その淡い期待は瞬時に消し去られました。

盗難に合う前日から、山羊さんの行動範囲を調査するために首輪にはＧＰＳが取り付けられており、盗難にあった時刻もほぼ確定できました。岐阜大学の八代田先生は、すぐに管轄の警察に被害届を提出しました。

まさか、こんなことが起きるのか。想像していなかったことでしたが、この研究の責任者の一人として、無責任に想定外だとは言えませんでした。その日の調査を終えると、八代田先生と学生たちと近くの喫茶店に行き、今後の対応策を考えました。

こうした予期せぬ悲しい事件があると、それぞれが感情的になり、思ってもいない情報が拡散してしまうことがあります。事件のことは、警察に任せ、目の前の研究に集中することを確認しました。

犠牲になった山羊さんたちには申し訳ありませんが、こうした悲しく辛い事実を心に刻み、私たちの研究の目的を再確認し、みんなと共有したことで、私たちの結束力は一段と強くなりました。

当時、被害届を提出したことで、メディアからの取材はあるだろうと予想していました。その予想以上に、全国のニュースやワイドショーの中で報道されたことに驚きました。

また、なかなか犯人は見つからないだろうと思われていた中、日本に滞在していた外国人が、犯人として逮捕されたことで、美濃加茂市の「山羊さん除草隊」の知名度は、一気に全国区となってしまったことは疑う余地もありません。

取材に応じ、山羊さんによる研究が注目されたことで、研究成果を充実させなければいけない、研究を次へつなげなければいけない、私は、今まで以上に目に見えないプレッシャーを感じるようになっていきました。

五、三年目の挑戦

日本に夢を持って海を渡ってきたであろう外国人に、山羊さんたちは盗難されてしまいました。二頭の山羊さんは、もう私たちの元に戻って来ないという最悪な結末を迎えてしまった事件があっても、私たちの調査研究は変わらず続けられました。

その結果、二年目も、ある一定のデータがまとまりました。一年目は、竹や笹をほとんど食べていないと報告されましたが、二年目には食べていたと発表され、継続して調査することの重要性を実感することになりました。

また、二年目は、同じ実験フィールド内で竹の繁茂を研究していた学生がいて、その発表も付け加えられました。彼の研究テーマは、山羊さんたちを放牧することで、竹の繁茂をどれだけ抑えられるのかということでした。

その実験内容は、山羊さんたちが、踏み入れることのできない一定の場所を実験フィールド内に三ヶ所作り、竹の成長を比較するというものでした。

前述した通り、二年目には竹や笹を食べていたため、自由に行き来できた場所では、竹の繁茂は見られず、逆に踏み込めない場所は、竹が大きく育っていました。

こうしたデータから、竹が成長しきっていないなど条件はあるものの、山羊さんによる放牧で、竹の繁茂を抑えられることが分かりました。

一方、放牧された山羊さんの健康面は、一年目と比較しても、目立った変化も見られず、至って健康だったことが報告されました。

学生の成果発表から一ヶ月程が過ぎ、少しずつ日差しが温かくなる四月上旬、私たちは、三年目をスタートさせる準備に入りました。すると、実験フィールドに足を踏み入れた瞬間、私たちは、いくつかの違いに気付きました。

私は、植物のプロではありません。そんな私にも明らかに今までとは違う植生の変化があると分かりました。

そして、一面クローバーが生え始めたフィールドを歩いていくと、私は、カナヘビという爬虫類が多いことに驚き、さらに以前よりも土がふかふかしている、何だか土壌の柔らかさみたいなものを、ゴム長靴の厚底からも感じることができました。

土が柔らかくなっている原因の一つなのか、至る所に小さなモグラの堀山がありました。素人ながら、ミミズが増えているのかなと思いました。

すると、一年目から研究を続けている学生の土井君から「渡辺さん、今年は面白いデータを報告できると思います」と言われ、私は、あまりの嬉しさから、緑が生えそ

セイタカアワダチソウを食べる山羊さん

ろった研究フィールドで小躍りしたくなる気持ちになりました。

話は変わりますが、「山羊さん除草隊」は、外来種の一つセイタカアワダチソウを好んで食べます。ススキなど在来種と競合する外来種を駆逐することにも一役買っていると言えます。

つまり、「山羊さん除草隊」は、緑地の維持に貢献するだけでなく、生物多様性に貢献する可能性を秘めていると思うようになりました。

一年目と二年目同様、三年目も同じ研究が始まりました。四年後も最終年となる五年目も同じように繰り返されます。

同じ条件下で継続してデータを取り、それらを比較することで、見えてくるものがあるはずです。その違いが、はっきり分かるのか、あるいは、うっすらぼやけているのか、それとも何となく想像できるものなのかは分かりません。

ただ言えることは、現場で継続しないと結論は導き出せないということです。机上で蓄えた知識ではなく、現場で蓄積された事実の大切さを、この共同研究は私たちに教えてくれるはずです。

先生や学生たちの「面白いデータを報告できるよ」という言葉を自身の中で反芻していくうちに、この共同研究後のデータを確実に生かさなければいけない、私の心の中で強い意志が育っていきました。

そこには、比較的目的がはっきりしている、新しいことを始める心地良いプレッシャーはなく、数値化されたデータをどう地域に還元していくのか、着地点だけは見えているものの、その方法や手段は、はっきり見えない不安からくるプレッシャーでした。

そんな中、耕作放棄地への対策として、いち早く山羊さんを事業化していた岐阜県内のある町役場は、累積赤字により山羊事業から撤退することを表明し、そうした内容が新聞記事などメディアで報道されました。

私は、その報道された累積赤字の金額と内容を見て驚きました。なぜなら、どうやればそんな数字になるのか、ことの経緯が分からなかったからです。

逆に、そうした数字が記事として出てしまった以上、マイナスイメージが噂に乗って、私たちのところに一気に飛び火してくると思い、今まで積み上げてきたものが、一瞬で足元から崩れてしまう可能性があると、強い危機感を覚えました。

実際、そうした報道後に問い合わせは数件ありました。また、私たちが、山羊さんの活動をしていることを知ると「うまくいかないんだってね」と言われ、私は、どこにもぶつけることができない、とても悔しい思いをしました。

とても残念なニュースでしたが、事業である以上、うまく経営できない場合もあります。ただ、今の私たちには、報道されたマイナスイメージを払拭するだけの実績がないことは明白でした。そのため、かなりストレスを感じる出来事だったことは言うまでもありません。

こうした寂しいニュースも重なって、不安から感じていたプレッシャーは、この時期から何とかしなければいけないという強烈な使命感へと変わり、私は、とにかく前へ進むことだけを考えるようになっていきました。

六、設計変更

二〇一四年の夏前、岐阜県大垣市にあるイビデンエンジニアリング株式会社から、とても興味のある問合せがありました。それは、新設する太陽光発電の草刈りを「山羊さん除草隊」でやれないかという相談でした。

私自身、温泉熱を活用した農業を実践、岐阜県の地球温暖化防止活動推進員として活動しているので、自然エネルギーの利活用に関しては、人一倍興味があります。

中でも、これから建設ラッシュとなっていくと予想される太陽光発電においては、発電するパネル下の管理が問題になってくると考えていました。

なぜなら、施主と施工業者からすれば、施工費を極力抑えたいと思うのが一般的で、特に施工業者からすれば、提案時にマイナス要因となる設置後の維持費用には触れたくないからです。

そのため、設置されたほとんどのパネルの高さは地面からそれほど高くなく、パネル下に入って作業することには適しておりません。つまり、設置高が高くなれば、材料費は嵩み、逆に材料費を抑えれば、設置高は低くなります。

そこで、パネルの下に草が生え、管理しなくてもいいよう予算に応じて、防草シートや玉砂利を敷き、あるいは、アスファルトやコンクリートを打設するといった雑草への対処法が取られています。

しかし、防草シートやアスファルト、コンクリートで地表面を覆ってしまうと、日差しが強くなると照り付ける太陽光の熱で、パネルと地表面との間の空気が温まり、その熱は吸収されにくくなり、熱風が発生する原因となります。

また、パネルは温度が高くなると発電量が落ちます。そのパネルを冷却する目的でファンを回すと、ファンの回る音が騒音となり、隣接する人たちからの苦情が出ることも考えられます。

どのような場所に、どのような形で、太陽光パネルを設置すればいいのかといったガイドラインが整わないまま、地球に優しい次世代エネルギーの一つ太陽光発電は、一気に広まっていると感じていたので、私には、とても興味のある依頼だったのです。太陽光パネルの下で、「山羊さん除草隊」が実績を積めば、活躍できる場所が増えることになると思い、協力させて頂くことにしました。

前述したように、一般的な太陽光発電のパネルの設置高は低いです。さらに、電気の配管は保護された状態で地上に設置されます。そのため、地表とパネルとの間隔は狭く、同時に地上には電機の配管もされ、草が生えれば、その除草業務が容易ではないことは想像できます。

依頼があった会社の担当者は、こうした太陽光発電の課題を踏まえた上で、次世代エネルギーと動植物の共生ができないかと考え、太陽光発電を設置する計画が進み始めた時から、山羊さんで除草管理することを実現したかったと仰っていました。

私たちに電話がかかってきたときは、すでに近場で山羊さんの貸し出しをしているところから断られていた事情もあり、私たちは、この依頼を引き受けることを前提として、話を進めることにしました。

実際、その会社を訪問し、その担当者に話を聞くと、私は、心の中で「あっ、ここにもクレイジーな人がいる」と思いました。

大変失礼な言い方ですが、このような人がいるから新しいものは生まれるんだと思い、私は、とても嬉しくなりました。

その場で私が、特に強調したのは、山羊さんは、私たちと一緒に働く大切なパートナー。だからこそ、山羊さんたちが、いかにリラックスして草を食べられる環境を作れるか、それを第一に考えてほしいとお願いしました。

すると、クレイジーな担当者は、ニコニコしながら「ぜひ、前向きにやりましょう」

と言って下さり、私は、太陽光パネルを建設する場所に案内され、早速、実証実験をする日取りを決めました。

実証実験では、山羊さんたちがそこで生活することで、臭いや鳴き声による騒音を調査しました。というのも、少し離れて民家があったからです。私は、近隣住民への事細かな配慮があることを知り、とても安心しました。

なぜなら、新しいことをするということは、いろんな角度から精査する必要があるからです。

その後、先方から設計に反映させるため、太陽光パネルの設置高、配線の地中化の必要性の有無、山羊さんの水の確保など、いくつか質問事項を受け取りました。

その結果、完成したパネルの設置高は、一番低いところでも一メートル五十センチ程あり、山羊さんの飲み水用として井戸を掘ってくれました。また、山羊さんが配管に躓いたり、かじったりしないよう地中に埋設してくれました。

また、盗難防止のため、二十四時間稼働する監視カメラを設置し、至れり尽くせり、まさに山羊さんのために作られた太陽光発電所が完成したと思いました。

二〇一五年、大型連休が終わった頃、太陽光発電所へ「山羊さん除草隊」の「出勤」ではなく、初の「出張」が敢行されました。予め、五頭の仲の良い血縁関係の山羊さんを選び、千七百平方メートルの太陽光発電所の敷地に放たれました。

予想としては、約四週間で敷地内の草を食べ終わると思っていましたが、意外に早く除草効果が現れ、三週間ほどで食べる草がなくなっていたので、一週間早く作業を切り上げることにしました。

再び草が茂った九月下旬に出張した時は、雑草の成長が緩くなったこともあり、除草期間はさらに一週間短くなり、二週間で除草任務を終了させることができました。

書き忘れていましたが、山羊さんには、牛同様に口蹄疫などの伝染病が発生する心配があります。その場合、移動が規制されるマイナス面があることも説明し、私たちは「山羊さん除草隊」の提案をしています。

また、山羊さんたちが活動できない場合を想定して、人間だけで作業できる単価で契約しています。つまり、太陽光パネルの設置高を一メートル五十センチ以上にし、配線が地中に埋設されていれば、人力草払い機による作業も容易です。飛石によるパネルの損傷も回避できます。

そうした幾つかの場面で対処できなければ、「山羊さん除草隊」の継続はありません。安易に雑草を食べるから、耕作放棄地に離せばいいといった考え方では、もしもの時の対応が後手となり、結果として、山羊さんたちを裏切ることになります。

太陽光パネルの下などで活躍する山羊さん除草隊

山羊さんと一緒に生きることに、必ずビジネス的な要素を加える必要などありません。ただ、趣味と仕事は区別されるべきで、仕事である以上、先々のことを見据えた計画が必要だと伝えたいだけです。

第二章　プラス農業

一、山羊さんの置土産

私たちにとっての「山羊さん除草隊」の着地点は、里山を再生するだけではなく、特産品の開発へとつなげることです。言ってしまえば、里山再生は通過点であり、地域に産業が生まれ、充実することです。

ところで、「山羊さん除草隊」が誕生した岐阜県美濃加茂市には、堂上蜂屋柿の他に、これといって全国に自慢できる特産品はありません。

堂上蜂屋柿は、千年の歴史を持つと言われ、朝廷や将軍にも献上されたと伝えられています。しかし、秋に柿を収穫してから作り出すので、お歳暮のシーズンしか流通しません。また、作れる数に限りもあります。

そのため、歴史のある堂上蜂屋柿は、その貴重さ故、付加価値は非常に高くなりますが、一年を通して、容易に手に入れられるものではありません。

そこで、「山羊さん除草隊」にかかわる、手軽に手土産として持っていけるような商品を作ろうと、力を入れることにしました。

そのきっかけは、「山羊さん除草隊」が出勤する会社から、出張の際に持参する、山羊さんに関連する手土産を作ってほしいという要望を頂いたことでした。

こうした意見を聞いたとき、私は、ハッとしました。そして、「なるほど。その手があるか」と、心の中で呟きました。

お金をかければ、商品は生まれますが、売れる保証はありません。しかし、作らなければ商品は誕生しません。「卵が先か鶏が先か」という迷宮に一度入ってしまえば、前へ進むことを躊躇してしまうものです。

企業のノベルティ商品のような提案をすれば、作った物を無駄なく売ることができるかもしれない。それが、その企業の取組みをアピールできるものであれば、依頼する側も喜んでくれると思いました。

さらに、「山羊さん除草隊」の認知度アップにもつながり、一石二鳥以上の効果を得ることができると考えました。

もちろん、そうそう簡単なことではないことは、奥飛騨で温泉を活用して作ったドラゴンフルーツの販路先で、かなり苦労してきた経験から理解していました。

私は、どうやって「山羊さん除草隊」を商品に関連付けさせるかを考えました。この問題は、意外にもとても簡単に解決しました。なぜなら、「山羊さん除草隊」は、循環が一つのテーマだったからです。

山羊さんたちの堆肥を畑にまき、その畑で農作物を栽培し、その作物から手土産となるスイーツを作ることにしました。

キャッチフレーズもすぐに浮かびました。「山羊さんの置土産から手土産を作ろう」です。置土産とは、山羊さんの堆肥です。糞尿は廃棄物扱いされますが、畑にまけば有機肥料になり、循環が生まれます。

そして、何を作ろうかと迷っていると、私は、親父からサツマイモの苗を注文してほしいと言われ、すぐに「あっ、サツマイモなら和菓子にも洋菓子にもなる」と思い、山羊さんの手土産になるスイーツの原料は、あっという間にサツマイモに決まったのです。

一般的に「山羊」から連想される商品と言えば、山羊乳で作るチーズです。実際、山羊乳を搾ってチーズを作り、それらを商品化につなげようと思えば、かなりの雌山羊を飼育しなければなりません。

さらに、搾乳するため、毎年、出産させなければならず、母体の体調管理だけではなく、生まれた子山羊たちの行き先も考えなければなりません。

さらに、搾乳施設も新たに必要になり、その投資額もバカになりません。加えて、乳牛と違い、搾乳量が少ないので、投資に見合った生産ができるのかも、問題です。

もちろん、乳牛と違い、山羊は小さいので、設備は小型化でき、その投資額は少ないでしょうが、何より私が一番引っかかったのは、北海道や長野県など高原や草原をイメージできる地域と、単純に勝負して勝ち目があるかという問題でした。

おいしいと評価されれば、強気な価格設定をできますが、知名度がない状況では、最初からそのようなことはできません。それに、すぐにおいしいチーズができるほど、生易しいことではないでしょう。

ここは一つ、直球勝負を避け、山羊さんからつなげることを意識しようと思い、それが差別化できる商品のストーリーになると考えました。

こういう視点から「山羊さんの置土産から手土産を作ろう」というプロジェクトは動き出していきました。

二、微生物利用班

「山羊さん除草隊」は、地元の岐阜県立加茂農林高等学校と一緒に活動することがあり、そうした流れから、授業の一環として、微生物を利用した食品開発の研究をしている先生と生徒たちと知り合うことになりました。

特産品につなげることが「山羊さん除草隊」の着地点の一つですが、単に加工業者に依頼して商品を作ればいいという考えではありませんでした。

なぜなら、私は、農業に観光をプラスすること、あるいは、観光に農業をプラスすることを、すでに観光地として認知されている奥飛騨温泉郷で、温泉農業として実績を積み、そこから今後の課題を見つけていたからです。

その課題とは、ビジネスとして温泉地での観光農業が成立しても、温泉観光地が継続して存在しなければ、私たちの観光農業も廃れてしまうという現実があり、継続に欠かせない次世代と、どのように向き合うかということでした。

ビジネスという視点だけで考えれば、インターネットを駆使して、作った物の販路を拡大していく方法もあるでしょう。その方が経費を抑えられ、事業を行う者からすれば、最良の選択です。

しかし、私が目指しているものは違います。私が目指しているのは、農業を通して、この地に足を運んで頂ける仕組みを作ること、そして、次世代が夢を持って継げる環境を整えることです。

そこで、私たち農業者にできることは何かを考えたとき、学生たちと接点を持ち、学生たちが学びたいことがあれば、そのフィールドを整備することではないか、という結論に至ったのです。

こうした考え方が、岐阜大学応用生物科学部との共同研究につながり、学生が研究したい内容を理解し、できる範囲で協力する体制を作っています。

ところで、その高校には、食品科学科（当時は、生物工学科）の中に微生物利用班があり、さまざまな微生物の研究をしている生徒たちがいます。例えば、お米から米麹を作り、それに食塩を加え、塩麹菌を育てます。その塩麹を生かしたスイーツを作るというのが、課題研究の一つとしてありました。

中でも、塩麹入りスイートポテトを作ると聞いたので、その面白そうな研究に興味を抱いた私は、栽培しているサツマイモを提供することを即決しました。流行の塩麹に惹かれたわけではなく、山羊さん自身の体内にもたくさんの微生物がいて、食べた

岐阜県立加茂農林高校生たちが育てるサツマイモ畑

岐阜県立加茂農林高校生によるサツマイモを
使ったスイーツ作り

草を消化（人間の体内では消化できない）していること、さらに山羊さんの堆肥も微生物の力で土に戻っていくので、微生物つながりに深い縁を感じたからです。

正直なところ、学業優先の高校生たちと企業が接点を持つと、企業が生徒や学校を利用していると捉えられてしまうのではないかという不安もありました。しかし、熱心な担当教諭のおかげで、そうした不安はすぐに消えました。

それでも、生徒たちにとっては勉強が一番なので、あくまで生徒たちの課題研究に協力するという姿勢を崩すことがないよう心掛けました。

岐阜大学応用生物科学部、美濃加茂市と私たち「フルージック」の三者の覚書が交わされてから二年目の成果発表の際には、微生物利用班が作った「塩麹入りスイートポテト」が、聞きに来ていた方々に配られ、味や見た目などの評価を得るため、生徒たちによるアンケート調査も実施されました。

翌年、山羊さんの堆肥を混ぜた畑を耕していると、微生物利用班を指導している先生から、サツマイモを植えることから始めたいと連絡がありました。

こうして、サツマイモ畑には、「山羊さんの置土産から手土産を作ろう」という生徒たちがデザインした看板が掲げられることになりました。

秋になり、生徒たちと一緒にサツマイモ掘りに汗を流しました。そこで、こうした活動は間違っていなかったことを、他愛もない話から、私は気付くことになります。

それは、大きく育ったサツマイモを掘っていた生徒の一人が、「たくさん収穫できる」と言ったことが発端でした。

五月の下旬、千本のサツマイモの苗を生徒たちと一緒に植えました。その後、雨が降らない日がしばらく続いたため、根が張るまで、水遣りに気を遣いました。それから二度ほど雑草を抜く作業をし、苗を植えてから約五ヶ月後、生徒たちと一緒にサツマイモの収穫をしました。

私は、「千本の苗から千キログラム（一トン）のサツマイモを収穫したとして、一キロ当たり二百円で売ったとすると、この畑では二十万円の収入があります。」続けて、「千本の苗を三万円で買っていたとすると、手元に十七万円が残ります。」「苗の植付けと収穫の手間賃を支払ったら、よくてトントンだね。」と笑って言うと、生徒は「ええ、それじゃあ儲からない。」と、空を見上げて悲しそうに言いました。

その生徒は、あるアイドルグループが好きだったので、「じゃあ、そのアイドルグループが作ったサツマイモなら一キロ五千円でも買う？」と聞くと、間髪入れずに「サツマイモの蔓だって五千円で買う。」と、屈託のない笑顔で答えました。

それを聞いた私は、「そう、それがブランド化ということ、消費する側は、誰が作ったものなのか、誰がどんな思いで作ったものなのかを知り、モノを買う判断をするもの。もちろん、価格というのもその選択肢の一つだけどね。」と伝えました。

さすがに一キロ千円で売れるサツマイモを作るのは難しいけれど、三百円とか五百円で売るのは可能なことで、それには買いたいと思わせるストーリーが大切だと付け加えました。

時間はかかると思いますが、授業の一環として始まったこの取組みが、やがて地域の大人たちを動かし、一つの商品を生み出したとしたら、私は、とても素晴らしいことだと思います。

三、農業デザイン

プラス農業、つまり、農業に何か他の産業をプラスさせることで、農業の底上げを期待できることが、奥飛騨の温泉を活用し、熱帯果樹の一つ「ドラゴンフルーツ」を栽培してきた観光農業で、私が、学んできたことです。

実際、観光客に販路を見出したことで、市場へ卸す伝手もなかったマイナス面をカバーし、売上げを伸ばすことができています。

そして、地域産業が継続するには、次世代と接点を持ち、地域愛を育むことが大切なことだと気付くこともできました。私は、現場で一つ一つ経験していく中で、次の課題が見えてくるようになっていきました。

頻繁に使われていた農商工連携という言葉、最近では聞かれなくなりました。その理由は、当たり前のこととして定着したとも解釈できます。しかし、今では農家の六次産業化という言葉が、農商工連携に取って代わって使われるようになっています。

ただ、どちらの言葉も私には、少々違和感があるものでした。なぜなら、机上だけで考えれば、どちらも非の打ちどころがありません。ですが、いざ現場でやろうと思うと、なかなかうまくいかない現実があったからです。

そこで、私は、一つの結論に達しました。それは、農商工連携や六次産業化が求めるビジネスの視点が強過ぎるのではないかということでした。

もちろん、ビジネスとして成立し、売上げを伸ばすことは、企業として考えれば当然のことです。むしろ、ビジネスとして成立しなければ、継続することは不可能です。

しかし、企業が売上げを上げることが、地域が存続する理由にならないと感じたからです。つまり、ビジネスの成功には、地域と共に成長していくことが求められていると考えます。

それが、前述したように大学生や高校生と一緒に活動してきたことから感じたことです。学生たちがやりたいことを、農業という括りの中で、できる範囲内でサポートすることは、農業の魅力を新たに見つけ出すだけでなく、人材を育成することにつながり、結果として、地域の存続につながると学んだからです。

私は、ビジネスという視点だけで会社経営をするのではなく、地域を意識した会社経営を心掛けることが、長い目で見れば、会社を継続させることにつながると考えるようになっていきました。

つまり、農業にプラスさせるのは「他産業」だけでなく、むしろ「教育と文化」なんだと意識するようになりました。

二回目となる山羊さんの研究報告を二ヶ月程前に控えた二〇一四年冬のある日、私は、ネットニュースの中で、ある一つの写真に釘付けになりました。

それは、愛媛県今治市に現れた巨大なイノシシの写真でした。その巨大なイノシシは、秋に刈り取った一メートル二十センチ程の稲わらで制作されていました。

すぐに、「あっ、あれを作りたい」と思った私は、どうやって制作した方にコンタクトを取ろうかと思い、「山羊さん除草隊」で一緒に活動している、美濃加茂市役所土木課の担当者に相談しました。

美濃加茂市から愛媛県今治市の担当者に連絡を取ってもらい、すぐに武蔵野美術大学の造形学部基礎デザイン学科の宮島先生が手掛けていることが分かりました。

思い立ったら行動するのが私の性格です。すぐに大学に連絡し、宮島先生の研究室のメールアドレスを教えて頂きました。

私は、要点だけを書こうと思いましたが、先生に連絡をした理由、稲わらアートを制作したい理由などを、自分自身の胸の内を整理するように書いていくと、かなりボリュームのある文章になってしまいました。

こんな長い文章を読んで下さるだろうか、不安を感じながらパソコンの画面の送信ボタンを押しました。その後、研究室から宮島先生に転送したという返信メールが届きました。私は、やれることはやったので、後は縁があるかどうか、先生からの連絡を待つことにしました。

翌日、宮島先生からのメールが届きました。私は、恐る恐る開いてみました。そこには、制作にかかわることが端的に書かれていました。

最後に「打合せが必要であれば、そこで説明します」と、前向きな一文があり、私は、その場で小躍りしたい気持ちになりました。

私は、とにかく稲わらアートの現物を見てみたいと思っていたので、宮島先生のご都合を聞き、その時期に見ることができた埼玉県行田市に行くことにしました。

二月十四日の午後二時、待ち合わせの時間より早く着いた私は、JR吹上駅の改札を出てすぐ左手にある小さなおそば屋さんで、山菜そばを食べることにしました。

恥ずかしい話ですが、今回の目的である宮島先生に会うことだけで頭はいっぱいで、お昼ご飯を食べることも忘れていました。

さて、待ち合わせの時間となり、美大の先生らしい風貌の男性が、駅の改札に向かって歩いてくるのが見えました。美大の先生らしいというのは、あくまで私感です。

改札ホームで簡単な挨拶を交わし、宮島先生と私は、三十段ほどの階段を肩を並べてゆっくりと降り、先生が運転する車に乗り込みました。

　ＪＲ吹上駅から車で十五分程だったと記憶しています。生まれ育った岐阜県とは全く違い、とにかく山がない、そんな関東平野の真っただ中に、行田市の方々、先生や学生たちが手掛けた高さ五メートル程の大きな稲わらでできたオブジェがありました。「うわぁ、でかい」とだけ、語彙力の乏しい私には、それが精一杯の反応でした。

　元々建設業の技術者だった私は、すぐに頭の中で、制作過程を想定し始めると、それを察したのか、先生は事細かく説明してくれました。私は、実物を前にして丁寧な解説を聞いたので、制作への意欲が一気に膨らみました。

　埼玉県行田市は、古代蓮の里があります。その蓮が見頃になると、毎年たくさんの観光客が訪れます。その蓮を上から見ようと展望台を併設した古代蓮会館が建設されたと聞きました。

　蓮のシーズンが過ぎれば、展望台の利用率は一気に下がるため、蓮の時期が終わってもその展望台を活用してもらおうと、田んぼアートが作られるようになったと聞きました。

　さらに、冬の時期にも観光客が来てくれるよう、田んぼアートで刈り取った稲わらを活用して、稲わらアートの製作に取り掛かったそうです。その一連の流れを説明され、私は深く感心しました。

同時に、私は、芸術や文化を農業にプラスしていく、農業デザインという考えは、間違っていなかったと自信を深めることになりました。

その後、宮島先生とはメールでのやり取りをしながら、美濃加茂市で稲わらアートを制作する時期は、二〇一五年十月下旬、十日間ほどで完成させることを決めました。

六月下旬、稲わらアートを制作する場所を見るため、美濃加茂市を訪れた宮島先生に、私は、テーマは「山羊さん除草隊」だと伝えました。つまり、山羊さん除草隊の認知度をアップしたいとお願いしました。また、「山羊さん除草隊」の本拠地がある美濃加茂市にある岐阜県所有の「ぎふ清流里山公園（当時は、日本昭和村）」に足を運んでくれる観光客が、少しでも増えてほしいと願っていたからです。

その三ヶ月後にイメージ図が届き、いよいよ作り出す段階へと進んでいくことになりました。補助や助成はいつものようにないので、有志で集まった人頼りという、本当にできるのかと思うほど、計画は危うい感じで動き出しました。

宮島先生は、かなり忙しい状況で、なかなか密に連絡が取れなかったこともあり、正直なところ、本当に稲わらアートができるだろうかという不安がありました。さらに、作ったことのない大きなアート作品、それも稲わらを活用したもの、不安は何倍にも膨れ上がっていきました。

さて、制作が始まる二週間ほど前の十月上旬、ようやく宮島先生から、いかにも美大の先生らしい優しいタッチで描かれたスケッチが届き、その後、必要となる材料の目安表が送られてきました。私は、急いで材料の手配をしました。

宮島先生が、美濃加茂市にやってくる日は決まっています。しかし、失礼な言い方をすれば、本当に来てくれるのか、百パーセント信用できていたわけではなく、信じるしかないと、私は、自分自身に言い聞かせている状況でした。というのも、書面での契約を結んでいたわけでもなく、電話連絡もあまり取れていなかったからです。

制作する前日、私は、稲わらアートをやると決めてから、真っ先に協力をしてくれると言ってくれた同級生の今井君と一緒に、必要になる足場の材料を借りに行くため、彼が運転するトラックの助手席に乗り込み、他愛もない会話を楽しんでいました。まるで、学生時代の文化祭の準備をしている感覚でした。

今井君は、町の水道屋さんをやっているので、工事関係の知り合いはたくさんいるので、制作の段取りを一緒に手伝ってもらいました。そんな彼が、ふと「先生、本当に来るの？」と、私の心を見透かしたように聞いてきました。

私は、自身の不安を払拭するように間髪入れずに「来るよ」とだけ答え、しばらくして、「もし、来なくても図面を見て制作するしかないよ」と、真顔で言い返すのが精一杯でした。冗談を言う余裕すらなかったのです。

それを聞いた今井君は、ただただ横でニヤニヤ笑っているだけでした。そう、やるしかない。なぜなら、制作する場所となる公園管理者の了解も得ていたし、協賛金を出してくれると言ってくれた方々を裏切りたくないと思ったからです。

制作が始まった当日の午後、ようやく、宮島先生が百パーセント来ると確信できた内容のメールが、私の携帯に届きました。その内容は、今、諏訪湖のサービスエリアで昼食を取っているので、三時過ぎには制作現場に到着するというものでした。

私は、ホッとしたものの、わらを編む作業が遅れているなど、準備不足を指摘されるのではないかと、今度は違った不安を抱き始めました。なにしろ、私自身がこういった作業をやったことがなく、ましてや、経験者も指導者も全くいない状態でしたから、当然と言えば当然のことです。

宮島先生との接点も私しかいないわけで、その私が動揺していてはいけないと思うものの、気の利いた言葉など一つも頭に浮かばず、ただただ「大丈夫」、「何とかなる」とだけ、自分自身に言い聞かせるように繰り返していました。

私は、とにかく今やれることをやろうと、設置する場所に掘削用の丁張りをかけました。それから、知人に用意してもらった竹を、専用の竹割り工具を使って、先生の指示通り四つ割りにする作業をしていました。

　黙々と作業を進めていると、「バタンッ」という車のドアを閉める音が、風に乗って私たちの耳に届いたのは、ちょうど午後三時になった頃でした。待ちに待った宮島先生と学生が、車から降りてきました。

　私たちは、なぜか待ちわびていたといった素振りは微塵も見せず、宮島先生たちを迎え入れました。まずは、ここまで足を運んで下さったことへのお礼を伝え、それぞれ自己紹介を簡単に済ませました。

　本来なら、明日からの作業の簡単な打ち合わせをして、ゆっくりお部屋を案内するところですが、建設現場での監督経験がある私は、今日中に基礎掘りだけは終わらせたいと伝えました。

　暗くなる時刻が午後五時、作業できる時間は残り二時間ほどでした。それでも、私は、予め丁張をかけていた場所に、掘削する位置が確認できれば、一時間足らずで掘削が完了することを知っていました。

　土木工事の経験があったから、作業工程をイメージでき、今日中にできることはやっておきたいと思ったのです。なぜなら、明後日の夕方には、足場を組む段取りをしており、作業を少しでも進めておきたかったからです。

長時間のドライブに全く疲れを見せないで、宮島先生は、手描きの図面に三角スケールを当て、位置決めの指示を出し、すぐさま、今井君は、ミニバックホー（小型の油圧ショベル）に乗って、掘削を始めました。

建設業の現場監督をしていた「フルージック」の社員が、重機の手元を務め、慣れた手つきで「あと五センチ下」といった声をかけ、急ピッチで掘削作業が進められ、その傍ら、宮島先生は、学生と一緒に用意してあった垂木材（四十五ミリ角、長さ四メートルほどの木材）に記をつけ、電動丸鋸で切断し始めました。

ついさっきまで、大丈夫かなと不安に思っていたことが嘘のように、何かに取りつかれたように淡々と作業は進みました。遊びに来ていたお客様が帰り、静まり返った公園には、重機が動く音、垂木材を切断する電動丸鋸、そして、寸法通り切断された垂木材をビスで留める乾いた機械音が、響き渡っていました。

初日の作業は、オレンジ色に染まった美しい夕暮れが西の空一面に広がった頃には、予定通り終えていました。私は、久し振りに味わう充実感でいっぱいでした。

稲わらアートの制作作業の滑り出しは、すこぶる良好。私の中にあった明日からの作業に対する不安は、一気に吹き飛んでいました。

四、稲わらアート

今井君のひと言から、先生たちと深夜まで時間を共有することになった私たちは、大げさな言い方をすれば、すでに一つのチームになっていました。お酒の力もあったでしょうが、地域やこれからの想いを語り合ったことで、一気に距離感が縮まっていったように感じます。

高さ四メートルほどの巨大な山羊さんと小さな山羊さんの二体、山羊さん親子を稲わらで制作することになっていました。二時間という限られた作業時間しかなかった初日に、無理をして基礎掘りを完了させていたことで、二日目は、早朝から一気に組み立て作業に取り掛かることができました。

宮島先生たちは、巨大山羊さんの骨組みとなる垂木材の加工と組み立て、私たちはそれに巻くわら編みを始めました。初めてのわら編み作業、最初は手際も悪く、時間がかかっていましたが、あることがきっかけで、作業効率を一気に押し上げることになりました。

実は、宮島先生からわら編み作業は手間がかかり、事前準備が必要であると言われ

稲わらアートの骨組み

岐阜県立加茂農林高校生たちが作成したわらシート

ていました。とはいえ、私たちが稲を刈り取るのは、十月の上旬です。私たちが、栽培している品種は岐阜県が開発したハツシモで、この品種は、初霜が下りる頃に収穫できるというものだったからです。

刈り取った稲わらを乾燥させてから、わら編みをするので、前もって長さ四メートルもあるわらシートを四十枚も用意しておくことは、とても無理なことでした。なぜなら、長さ四メートルのわらシートを一枚編むのに、大人四人で一時間ぐらいはかかると言われていて、予算がついているイベントでもなく、有志が集まって作業をする計画だったので、従事できる人数も限られていたからです。

その限られた人数の中に、「山羊さん除草隊」と接点がある、岐阜県立加茂農林高等学校森林科学科（当時は林業工学科）の先生と生徒たちがいました。そこで、わらシート制作をお願いすると、快く引き受けて下さり、貴重な一枚目は、彼らが仕上げてくれました。

最初は、編み方も分からず、かなり試行錯誤したと聞きました。その結果、生徒の一人がオリジナルな編み方を考え出し、その編み方を統一させたことで、わらシート編みの作業効率は一気にアップすることができました。それでも、限られた時間と作業人数では、作業二日目として、四枚編むのが精一杯でした。

残り四日間で三十枚ほどを編まなければならず、消えたはずの不安が、作業二日目の夕方には、再び、私の心を支配し始めていました。

三日目も晴れ、日中は汗ばむ天候に恵まれました。日曜日ということもあり、続々と家族を連れて、有志が集まってきました。編む人は二人、わらを直径二センチ程の太さに揃える人に分かれ、黙々と作業は続けられました。そのおかげもあり、三日目は八枚編むことができました。

先生たちは、夕方に現れる足場部隊の到着に間に合わせるように、垂木材の切断と組み立て作業に集中していました。高さ四メートルもあるオブジェなので、足場がないと落下事故の危険もあり、欠かすことはできません。

また、作業がしやすいように足場を設置しないと、作業効率だけでなく出来上がりも期待できなくなってしまいます。

三日目も西日が眩しくなってきた頃、威勢の良いがっちりした体格の男たち四人が現れました。完成図の図面を見ながら、宮島先生と打合せを軽く済ませ、ガチャガチャと音をたてながら、足場があっという間に組み立てられていきました。

沈みゆく夕日に照らされる立体的に組み立てられた足場を見ると、沸々と漲るやる気が膨れ上がっていき、再度、心の中で居座ろうとしていた不安を、隅の方に追い払ってくれました。

私は、美濃加茂市役所の職員に連絡を取り、充実した張りのある声で、わら編みの夜間作業は必要ないことを告げました。実は、最悪の状況を想定し、わら編みの夜間作業をする場所と人員確保を、「山羊さん除草隊」で一緒に活動している美濃加茂市の担当者に相談していたのです。

四日目の朝を迎えました。先生たちは、朝から用意された足場の上を上ったり下りたり動き回り、次々と上部の骨組みを組み立てていきました。その日の夕方には、四つ割りにした竹のしなりを利用して、山羊さんの曲線を作り上げる作業に取り掛かっていました。

一方、わら編み部隊は、子どもを送り出した主婦たちと、自身の子育ては卒業し、孫を持つ主婦層が中心となって進められていました。私は、女性ならではの器用さ、地道な作業を続ける根気強さには、ただただ驚くだけでした。

わら編み作業は、とても単純な作業のように見えますが、力の入れ具合により見た目が悪くなるだけでなく、編んだわらがバラバラになってしまうため、根気だけでなく丁寧さも求められます。

加えて、チームワークも重要です。わらを揃える人、編む人は上部と下部で一人ずつ、その二人の息が合わないと作業スピードは上がりません。

和気藹々とお喋りしながら、手際よく作業を続ける様子を見て、横で作業をしている男たちの表情も自然と和んでいきました。十月下旬だというのに、日差しがかなり強く、日向での作業を続ける男たちからは、汗がポタポタと落ち始めた頃、「今日は、カレーを作ってきたよぉ」という元気な声が、辺りに響き渡りました。

今日も青空給食の始まりです。ひと区切りついた人から作業を切り上げ、カレーの香りがするところへ集まっていきます。

何となくできた輪に、一人ずつ盛り付けられたカレーが配られます。自然と笑顔になります。「コーヒーにする？」、「紅茶もあるよ」と、張りのある元気いっぱいの優しい声が飛び交います。

稲わらアートの魅力は、ひょっとしたらここにあるのではないか、みんなと作り上げていく過程で、共有する喜びと結束力みたいなものが育っていっていることを、私は、ひしひしと感じていました。

そして、六日目の午後、ようやく曲線部の竹細工が完了し、「そろそろ編んだわらを巻き付ける作業をしよう」と、落ち着いた宮島先生の声が聞こえると、私たちは、わらを編んでいた手をいったん休め、見事に出来上った巨大山羊さんの骨組みのところに集まりました。

四つ割りされた竹で、山羊の両足や胴体、首や顔といったパーツを美しい曲線で表現された姿は、わらシートを巻き付けなくても美しく、私たちは、目の前の芸術品に感動しました。

私は、米俵のように丸められ、一所に積まれていたわらシートを肩に担ぎ、巨大山羊さんの骨組みの下に運び、宮島先生に渡しました。宮島先生は「まずは、両足から巻いていきます。下から上へ、そして、少し重ねながら胴体へ向かって取り付けていきます。」と、私たちに説明しながら、取付け方を教えてくれました。

また、曲線を演出するために、しなりの良い竹を用いているだけだと思っていましたが、その竹には、わらシートを固定する、もう一つの大切な役目がありました。

宮島先生は、わらシートが落ちないように、麻紐でわらシートと竹を縫い付けていく作業も、一つ一つ丁寧に教えてくれました。

前と後ろの四本脚にわらシートをしっかり固定したところで、六日目の作業は終わりました。

幸運にも晴天が続き、七日目の作業も朝早くから始まりました。お昼前には、いよいよ胴体にわらシートを取りつけることになりました。わらシートを何枚か足場の上に運び、果敢にも主婦たちは足場の上に陣取って、麻紐を使ってわらシートを竹に固定する縫い付け作業に取り掛かりました。

いつの間にか、わらチームができている、そう思うほど、息の合った作業が夕方まで続けられました。

少し曇りがちな八日目でしたが、雨の心配は全くなく作業は順調に進みました。この日を含めて残り二日、明日の午後には、宮島先生と学生は帰ります。わらシートとわらシートが重なったところが解けないよう強く固定したり、蹄をわらで三つ編みにして表現したりと、この頃には、より細部にこだわる時間も生まれていました。

ハサミで整えながら、山羊さんの毛並も表現しました。そして、夕日が眩しくなった頃、宮島先生はニヤニヤ微笑みながら足場を登ってきました。

魂が宿った瞬間でした。巨大山羊さんに、ホームセンターで揃えた材料を使って作った両目を取りつけたのです。凛々しく、そして優しい顔をした山羊さんが誕生すると、わらチームからは「おぉ」という声だけが漏れました。それ以上の言葉など必要ありませんでした。

私が、何とか形になった安堵感、想像以上の出来栄えに言葉を失っていると、宮島先生が「細かいところは明日にしましょう」と言葉をかけてくれ、かなり興奮してい

完成した稲わらアート（親子の山羊）と山羊さんたち

完成した稲わらアート（親山羊）の前で

た私は、ふと我に返りました。

九日目となった最終日、完成が近づいてきたことで、私は、なんだか寂しくなってきていました。

午前十時に足場撤去の段取りがされていたので、急いで細部にわたる確認作業を進めました。巨大山羊さんの首元には、肉ぜん（肉垂とも呼ばれ、顎下にぶら下がっているもので、付いている意味は現在も謎）を二つぶらさげ、九日間の制作作業は終りを迎えていました。

屈強の男たちはあっという間に足場を片付け、迫力ある巨大山羊さんの姿は、周りの風景にしっかり溶け込んでいました。

お世辞かもしれませんが、宮島先生がしきりに「今回の出来は、本当に素晴らしい。稲の状態もきれいだし、何といっても編み方が本当にきれいだ」と、言ってくれました。

わらの編み方は、地元の高校生たちが考え出したもの、そのわらを編んだのは、最後まで根気強く楽しさを忘れなかった主婦の方々でした。

また、基礎掘りや足場の段取りをしてくれたのも私の同級生、今井君でした。そして、先頭になって作業してくれていたのも、地元の農家さんでした。恥ずかしい話ですが、私は、先生を連れてくる約束をした以外、何一つ貢献できていなかったです。

宮島先生たちが帰る前、巨大山羊さんをバックに、みんな一緒に記念撮影をしました。やり切った感でいっぱいの笑顔が溢れていました。九日間の制作で、延べ百二十人ほどが参加して完成しました。

稲わらアート完成から三日後の文化の日、いよいよお披露目の日がやってきました。当日は、岐阜県立加茂農林高等学校の食品科学科、微生物利用班が作ったスイートポテトが、先着三百名の方々に配られました。

稲わらアートと山羊さんの置土産から手土産プロジェクトが、つながった瞬間です。イベントは、販売する場所を作り出すことになります。

つまり、稲わらアートの目的は、「山羊さん除草隊」を知って頂くことですが、それに加え、イベントを通して、特産品を売り出す機会につながって欲しいという願いもあるのです。

食品科学科の生徒たちとは、前述している通り、山羊さんの堆肥を活用して育てたサツマイモを使った研究を進めています。出来上がったスイーツのアンケート調査も兼ね、完成イベントに参加してもらいました。

第三章　研究データと研究成果

一、三年目の報告会

稲わらアート制作の余韻が残っている二〇一五年十一月、岐阜大学応用生物科学部による山羊さん共同研究の三年目（現地調査）が終わろうとしていました。

私は、三年目がスタートする春先、研究エリア内の植生調査をしていた土井君から言われた「渡辺さん、今年は面白いデータを報告できると思います」、「今までと比べて、ニオンカナヘビが増えています」という言葉を、もう一度噛み締めるように思い出していました。

ニホンカナヘビとは、トカゲの仲間ですが、トカゲと比較して尾が長いという特徴があります。日本全国に生息されている爬虫類で、山林より草地を好むとも言われ、東京都と千葉県ではレッドリストの準絶滅危惧種に指定されています。

山羊さんが適度に草を食べることで、生態系が守られ、生物多様性が失われていないことが分かります。研究エリア内の所々で掘り起こされたモグラの仕業から、ミミズが増えていると想像できます。

研究で得られるデータをどう生かすか、何気ない彼のひと言で、私は、いよいよ本格的に次のステップに進もうと強く決心しました。目に見えた成果が現場で表れ始めているという喜びは、彼の屈託のない笑顔を見れば、研究者ではない私でも、すぐに分かりました。

ちょうどその頃から、冗談半分で言っていた「イグノーベル賞を取ろう」という言葉が、私たちの合言葉になっていきました。山羊さんの共同研究は、私にとって生き甲斐そのものとなり、この共同研究にどんどんとのめり込んでいきました。

研究フィールドは、春から秋にかけて山羊さんによる放牧が続けられたことで、管理の行き届いたエリアに生まれ変わっていきました。このまま続けば、山羊さんによる管理ができることを証明できます。

しかし、放牧が終わってしまえば、一年足らずで足を踏み入れることを躊躇するような状態に戻ります。二年放置すれば、鬱蒼としたジャングルと化し、ナタを振り回しながら山に入ることになります。

そのため、いたずらに管理するエリアを増やすのではなく、ゆっくり時間をかけ、山に入る仕組みや循環できる仕組みを作っていくことが望ましいと思います。

若い頃は、大きく派手な開発事業に心奪われた時期もありましたが、地味な活動を継続することの方がとても大切だと、私の心に変化が生まれていきました。そして、継続することで、次の扉を開けるチャンスが訪れることを知りました。

行政の予算は、新規事業につきやすく、よちよち歩きでも継続できている事業には、予算がつきにくいという特徴があります。もちろん、その理由はあるでしょうが、育てるという視点から考えれば、そういった特徴は、とても残念なことだと思うことがあります。

育てることに対して、表面的な投資を続ければ、資金と労力だけが無駄に消費されます。決して、新しい田畑を掘り起こすことを否定しているわけではありません。ただ、掘り起こした田畑を十分に管理し、生産を継続できる仕組みを作り上げるには、時間を必要とすると考えます。

私たちは、きれいになった山を再び荒らすことのないよう、研究終了と同時に生き返ったフィールドを活用できる仕組み、その下準備をしていく必要があると考えていました。

そうした思いは、私だけではなく、一緒に研究している岐阜大学の八代田先生、美濃加茂市役所の現場担当者も共有しているところです。

そこで「こうなってほしい」ではなく、「こうしなければいけない」という強い想いを持って行動しようということになり、以前から気になっていた研究フィールドに残されていた竹の残材を運び出すことにしました。

実は、山羊さんの研究が行われる数年前、竹の繁茂がひどくなっていた状況を不安視した岐阜県及び美濃加茂市の職員の有志たちが切り倒していたのです。さすがに切り倒すことで精一杯、それを運び出し処分するには至らなかったそうです。

そうした伐採した竹や木が土に帰るには長い年月がかかります。山羊さんたちが放牧されたことで山肌が見えるようになり、山積みになっていた竹がとりわけ目立つようになってきていました。

そこで、研究後にそのフィールドをすぐに活用しようと思うと、少しずつその竹を片付けておく必要があると思い、有志を募り作業することにしました。

岐阜大学の八代田先生と学生、美濃加茂市の職員と私たちで二日間、延べ三十人ほどが作業し、山の中腹に積まれていた竹の半分ほどを、研究に邪魔にならない山裾へ下ろしました。

思った以上にきつい急斜面でした。そんな急斜面をいとも簡単に山羊さんたちは、自由に上り下りしながら雑草を食べ、きれいに管理してくれていたと、改めて植生管理者として適任だと思いました。

山に入る仕組みを作るには、事実と向き合うことが大切です。つまり、なぜ山に入る仕組みが失われてきたかを考えることが第一歩です。燃料として使われていた木材は、経済成長に伴い、化石燃料に取って代わったことが大きな原因です。

さらに、安い外材が輸入され、あるいは日本古来の柱を中心とした在来工法ではなく、ツーバイフォーという輸入住宅の人気に火が付き、また、集成材という技術が生まれ、立派な木が育っても、流通しなくなった背景があります。

今回、山羊さんによって蘇った山は、立派な木材が育つ場所ではなく、民家の近い雑木林で、いわば里山と呼ばれる場所でした。その里山の姿が消え去ったことで、荒れ果てた山林へと吸収されていきました。

人間の生活感が漂っていた里山を失ったことで、私たちは山の恵みを生かす術を忘れてしまったのか、山と距離を置くようになり、それが、今日の獣害へとつながっているのかもしれません。

誰もが里山を取り戻したいと思うものの、生産性を失った状態では、アプローチの仕方も分かりません。そうした中、少しでも山の恵みを知ろうと、森の幼稚園や木育といったイベントが、行政や非営利団体を中心に行われるようになってきました。

研究が、三年目を終え、管理が行き届くように生まれ変わった研究フィールドを見て、私は、山羊さん除草隊から始まった研究は、里山再生の基礎を築くことになると思いました。

二、現場との温度差

現場でコツコツ活動を続けていると、現場との温度差を幾つか感じることがあり、心配になることがあります。

一つ目は、現場を知らない人たちが自らの視点だけで判断し、現地を見ないまま、こうした取組みに烙印を押してしまうことです。

そして、二つ目は、山羊さんの話題性が広まることで、雑草を食べてくれる山羊さんたちを、お金を稼ぐ道具として捉え、動物のレンタル事業が活発になることです。実際、私たちがやっている取組みも山羊のレンタル事業と大差ないと思われているかもしれません。しかし、私たちは、あくまで山羊さんと一緒に生きることを目指しており、一緒に仕事をしています。

つまり、山羊さんと一緒に生活をすることが根底にあります。そのため、二つ目の心配は共有してくださる方々も多く、私の中では、一つ目の方を心配しています。

それを証明するように、ある出来事がありました。ある団体から「山羊さん除草隊」をテーマにコンソーシアムを作り、二酸化炭素排出を削減する取組みとして、ある助成事業に応募しないかと提案されました。

しかし、山羊さんの除草そのものでは、明らかに大幅な二酸化炭素排出を削減できないことを分かっていました。

つまり､化石燃料を使った人力草払い機と山羊さんが草を食べることを比較しても、極々わずかな削減しかできないこと、さらに、草食動物が発するゲップはメタンガスなので、山羊さんが増えれば、返って二酸化炭素を増やすだけだと指摘する方もいます。

そこで、山羊さんの堆肥を使い、グリーンカーテンとなるパッションフルーツを作ることにしました。山羊さんの除草活動と廃棄物を堆肥として有効活用したグリーンカーテンをリンクさせた上で、応募してみました。

それから数ヶ月して、中部地方環境事務所環境対策課長の名前で、ある助成事業に応募した内容に対する回答書がメールで届きました。結論は、採択しないということでした。

二酸化炭素排出の削減だけを考えれば、この結果は予想していました。しかし、応募資料には、決してそこだけがクローズアップされていたわけではなく、地域との連携や産業の創出といった文言が入っていたので、一抹の希望を抱いていました。

私は、「やっぱりダメだったかぁ」と、異論などなく、すぐにその結果を受入れました。しかし、ご丁寧にも審査した、いわゆる有識者と呼ばれる方々のご意見までが添付されており、それに目を通した瞬間、私は瞬間湯沸かし器と化していました。

そこには、不採択理由として「山羊の取組みが広がるとはとても思えない」という私感が記されていたのです。広がるかどうかは、これからのことです。さらに言えば、広がらないことを前提として活動する輩がいるでしょうか。

現場を知らないで、何が有識者だと憤りを抑えることができず、すぐさま、何を意図してこのような私感を付け加えた回答書を送りつけたのか、有識者の氏名を明らかにし、誰が言ったのかという点を中部地方環境事務所環境対策課長に尋ねたところ、とても信じがたい答えが返ってきました。

この助成事業は、ある団体に委託しているものであること、さらに採択は本庁であるため、中部地方環境事務所は関係ないということでした。

さらに、どうやら私は訳の分からないクレーマーだと判断されたようで、その後、私の案件は、環境省内の国民対策室へ回されてしまいました。

すると、申し訳ないという連絡と共に、有識者の名前の公開はできないとの返事が返ってきました。

私は、今回の件に対し、申し訳ないと思っているなら、その旨を文書で送ってほしいとお願いしました。後日、環境省の国民対策室から送られてきましたが、彼らが本当にこちらの意図を感じているのか、私にとって、そこの部分は重要なことではありませんでした。

私が、なぜそこまで強く反発したのか、伝えたかったメッセージは、対国ではなく、各県に存在する温暖化防止活動推進センター、今回の提案書を作成してくれた岐阜県の事務局に対し、私たちは、しっかりと目的を持って活動していること、さらに、強い意志を持って取り組んでいることを示したかったからです。

なぜなら、地方の現場の意識が変わらなければ、現場は変わらないからです。ただ単に国からの補助や助成の枠があるからといって、彼らの望ましい形に擦り合せるのではなく、地方がすべきことを考え、そして、自らの意志で擦り合せていく努力が必要だと思っているからです。

残念なことに、その擦り合わせをできる人間が、地方に育ってこなかったことが、補助や助成ありきで中央主導の事業が行われ、地方の空洞化が進んできたと言えるのではないでしょうか。

私は、こうした意見書を出すことで、煙たがられる存在となることは重々承知していました。しかし、希望的観測を言えば、意見書をきっかけに、今後の動向を注目してくれる方が現れるかもしれません。そして、それを機にこの先の笑い話の一つになる可能性があるということです。

新しいこと、新しい価値観を創造することは、時には、敵を作ってでもぶつかっていく覚悟が必要だと考えます。そして、決して一人でできることではなく、理解者がいて、応援してくれる仲間が増えてこそ実現していくものだと思っています。

私には、コツコツ現場で活動してきたことで、目指す方向性がはっきりと見えてきています。はっきりと見えるから、ぶれることなく進んでいくことができます。

今回の残念な結果を経て、私は、この研究の将来性と必要性をしっかり理解して頂けるよう、どんどん発信し続ける決意をしました。

三、パネル展示

二十世紀後半は、経済活動真っ盛り、資源に限りがあるという意識は乏しく、どんどん生産と消費を繰り返す大量消費の時代でした。私自身、そうした高度成長期の中で不自由なく育ちました。

しかし、大学を卒業する頃には、すでにバブルが崩壊、将来の不安を抱えながら就職活動をしていましたが、若さからか何でもできると思っていました。

二十一世紀に入り、徐々に経済が停滞し始めると、小さかった私の不安は年々大きく膨れ上がっていきました。経済的に子どもを育てる余裕があるのだろうかと考えるようにもなりました。

そうした停滞する世界経済の中で、環境問題を発端とした資源の有効活用や新エネルギーへの期待が生まれ、そこに新たなビジネスチャンスがあると注目されるようになっていきました。

一方で、動植物との共生を真剣に考える時期が来たと思います。まさに、二十一世紀前半は、理想論をどう実現していくのか、それが、私たちに与えられた使命だと思います。

今すぐにできなくとも、あるいは、私たちができなくとも、そうした人材を育成することはできます。私たちの世代は、アナログとデジタルの両方、あるいは、バブル前、バブル全盛期、そして、バブル崩壊後を経験して生きてきています。そうした経験を、これからの世代に伝えることができます。

そして、伝えるだけではなく、その中で新しい価値観を見出し、それらを職業として成立させることが、私たちの仕事だと思います。

それは、グローバル化が進み、極端な合理化の中で失われてしまったものを復活させ、新たな形にアレンジすることかもしれません。

つまり「山羊さん除草隊」は、まさに畜産業の新たな形です。開発された工場団地の緑地帯は、法に定められています。就農者の高齢化がこのまま進めば、耕作放棄地は増えるばかりです。そして、外国産木材や木材に代わる素材の台頭により、森林は荒れる一方です。

開発されたゴルフ場やスキー場は、年々閉鎖されていくのが現実で、また、地方から働く場所は失われていきました。若者の働く場所がなくなれば、生まれ育った町を去り、大きな都市に出るのは致し方ないことです。

私は、「山羊さん除草隊」が、全ての問題を解決するとは言いませんが、少なくともそうした問題を解決するヒントは持っていると断言します。

前述したように、「山羊の取組みが広がるとは思えない」といった有識者は、あまりにも創造力がないとしか言いようがありません。ただ、それは現場を知らないことが要因です。

つまり、私たちがやるべきことは、現場でコツコツ地道に活動するだけではなく、現場を知って頂ける機会を作り、知って頂ける努力をすることです。

そんな中、東海農政局が展開する「消費者の部屋」という場で、私たちの活動をパネル展示するチャンスが巡ってきました。

計十三枚のパネルには、岐阜大学応用生物科学部との研究内容など「山羊さん除草隊」の活動報告を中心にまとめられました。このパネルができたことで「山羊さん除草隊」の活動は、全国行脚する手段を得ることになりました。

東海農政局内にある「消費者の部屋」での展示が終わると、名古屋にあるイベント会場、美濃加茂市役所のロビーなどに展示されることになりました。さらに、「山羊さん除草隊」の保険でお世話になっている東京海上日動火災保険の本社ランチルームでも展示させて頂く機会を得ることができました。

山羊さん除草隊の活動を展示（名古屋市オアシス 21）

地域で活動を継続していくには、地域の理解が必要です。いずれ分かってくれる時期が来るだろうと思うのは、いかにも日本人らしく、受け入れられやすい考え方ですが、それはあくまで結果論であり、うまく事が進んだ後に言えるセリフです。

新しい試みは、実績や信頼がない上に、常に足を引っ張られる危うさを持っています。出る杭は打たれるという諺があるように、打たれないための工夫をすることも求められ、その一つが、パネル展示を通して、「山羊さん除草隊」の活動を理解して頂く機会を作っていくことだと、有識者の言葉から学んだことです。

四、課外授業

岐阜大学応用生物科学部、美濃加茂市と「フルージック」による山羊さんの共同研究は四年目を迎えている中で、民間企業として参加している私は、山羊さんと関わることで、どのように地域社会とのつながりを創り出していけるのか、その点に注目しようと心掛けるようになっていきました。

なぜなら、蓄積されたデータを地域に還元できるのは、極端な言い方をすれば、五年の研究後、しかし、周りはそう思ってはいません。それは、研究とその成果は同時進行されるものだと受け止められていると分かったからです。

そう意識したのは、二年目の研究が終わり、二回目の研究報告会の参加者の数が、初年度と比較して減少したことがきっかけでした。そして、さらに三回目の報告会で、何か新しい展開を期待しているというアンケート結果を見て、今後を想像できる取組みの必要性を感じました。

そんな中、山羊さんによる除草システムの構築を研究している岐阜大学応用生物科学部の八代田先生が、面白い提案をしてくれました。それが、単位取得に関わる必須授業として、課外授業ができないかということでした。

私自身、将来そうした流れになればと望んでいました。しかし、教育者ではなく、大学の授業を受け持つ先生という立場を全く理解していないこと、また、学生にとってプラスになるかは皆目見当もつかなかったので、軽々しく言葉にすることではないと思っていました。

そのため、八代田先生からそうした提案があった時は、何が何でも実現したい、絶対に実現しなければいけないと思いました。

しかし、私がやれることは、八代田先生が考えている研究テーマの段取り、要は研究フィールドを整備し、必要な時にサポートすることなので、この段階では、八代田先生からの提案を待つことしかできませんでした。

それでも、心の中では課外授業の実現に向けて、私自身が八代田先生の期待に応えられるか、学生たちにとってプラスになるのか、嬉しいよりも、むしろ、成功させなければいけないというプレッシャーを感じていました。

研究データを蓄積し、それを基に今後の除草業務に生かしていくことが、本来の山羊さんによる除草システムの構築であり、それが共同研究の本筋です。この研究は、人間と動植物が共生していく上で非常に意味のあることだと思います。

しかし、人間中心に考える社会において、実際の生活の中で実感できることを望むのが人の性です。そして、公共性を重要視する地域行政が関わっていることは、研究で得られる数値だけではなく、どのように地域住民との接点を生み出すのか、強いて言えば、地域産業にどれほど貢献し、今後どのような展開があるのかを実感させることを意味しているのではないかと考えるようになりました。

この共同研究に参加している私たちフルージックは、前述したように民間企業としての役割を考え直し、地域や市民との接点を探す必要があると、さらに強く意識するようになっていきました。

農業の問題を議論していると、必ずテーマとなるキーワードがあります。それは、持続可能という言葉です。人手不足が深刻な課題の地域社会にとって、人材育成は急務です。

補助や助成金を活用して、農業に希望を持った人材を受け入れたところで、その人材をまとめるリーダーがいなければ、地域社会は成立しません。

そこで、私は、これから社会人となり就職していく学生に現場体験をしてもらうことは、現場を把握したリーダーを育てることに通じると考え、先生に求められれば、課外授業のフィールド整備に全力で取り組むことにしました。

美濃加茂市土木課の担当者も、この提案に大賛成したことは説明するまでもなく、共同研究を進める三者共々、次世代育成へ発展させていくことの重要性を共有していました。それぞれの立場は違い、時には意見が衝突することがあっても、大きな信頼関係が構築されていると感じた私は、俄然やる気が漲っていきました。

さて、山羊さんによる除草を大学の授業に取り入れる、そんなことが過去にあっただろうか。私は、考えるだけでニヤニヤしてしまいました。嬉しい、楽しいという想いが、少しずつ感じていたプレッシャーを包み込んでいきました。

こうして、二〇一六年九月、岐阜大学応用生物科学部動物コース三年生、三十名ほどが参加する現場実習が二日間の日程で始まりました。

この現場実習は、実際に「山羊さん除草隊」が活動している、美濃加茂市が管理している「さくら広場」で行われました。その内容は、草を食べることで除草業務をしている山羊さんを観察する班、それから、人力の草払い機を使って実際に除草を行う班の二つに分けられて行われました。

山羊さんを観察する班は、自分たちで決めた一頭の山羊さんに密着し、食べる草の種類やその順番を書き留めていきます。人力除草の班は、五分という時間を設定し、その時間内でどれだけ草刈りができるのか、刈り取った草の面積と重量、草の種類を調査しました。

実習される場所は、平坦な場所ではなく、傾斜度のある法面です。つまり、人力で行う除草と山羊さんが行う除草の単純な比較だけではなく、傾斜度の高い法面での除草作業を実際に体験してもらうことも意図していました。

たった一度の現場実習に何を期待するのかと言う人もいるでしょう。しかし、経験をしなければ体験談を話すことはできません。伝える言葉の背景に経験があれば、説得力が増し、人々の心に届くはずです。

一日目は、「さくら広場」で実習が行われました。二日目は、三者三様の立場、つまり、公園など緑地帯を管理する行政の立場、実際に管理する民間企業の立場、最後に管理していくのに必要になってくるデータを取る研究の立場から、岐阜大学所有の美濃加茂農場の会議室で講義をしました。

私は、僅かであっても経験をしたことで、「山羊さん除草隊」の活動に親近感を感じてくれればいいと思っていました。

なぜなら、地域が抱える問題を、こうした課外授業を通して、より身近なものとして感じてもらうことで、地域への想いが育ち、現場を意識した人材が育つことにつながる可能性があると思っていたからです。

山羊さん除草隊（左）と人力との比較実験

現場実習が行われた夜には、学生たちと一緒にバーベキューを行い、親睦会が行われました。最近では、こうした親睦会が少なくなってきていると聞きますが、自由に意見交換できる機会を持つことは、単にお互いを理解し合うことだけが目的ではなく、仲間意識を芽生えさせるきっかけになると感じました。

そして、応用生物科学部動物コースに在籍する三年生による課外授業が行われたことで、私は、地域が抱える人材育成という課題に大きく関わっていくことになるだろうと思いました。いや、積極的に関わっていかなければいけないと思いました。

そして、先生や学生が研究したいことを感じ、必要なフィールドを整備していく、それが地方で活動する企業に求められていることだと思いました。

優秀な人材がいないと嘆き、そして、諦めるのではなく、次世代を担う学生たちとの接点を見つけ出し、その接点を大切にすることで、教育者ではない私たちでも、人材育成に貢献できると確信できました。

そうそう現場実習を受けた学生たちから、「実際に斜面での草刈りは大変な作業だ」とか「草の嗜好性があるとは知っていたが、実際、山羊が草を食べる様子を見たことで、その知識を現実的に受け入れることができた」など感想がありました。

美濃加茂市土木課からも「公園管理の課題を伝える機会ができたこと、それが学生

岐阜大学での課外授業

たちのこれからに役立つ可能性を秘めていると考えると、とても素晴らしい機会だった」という声を聞くことができました。

五、ロックフィルダム

ある日、全国に調整池やダムを保有し、その維持管理に努めている独立行政法人水資源機構さんから非常に興味深い話がありました。実は、美濃加茂市内にある調整池堤体の除草業務を、私たち「山羊さん除草隊」が、引き受けていたことがきっかけでした。

興味深い話とは、長野県の南部に位置する木祖村にある全国有数のロックフィルダム、味噌川ダムの堤体保全に、山羊さんの力が発揮できるだろうか、という内容のものでした。

私は、まずは現場を見に行こう、そこで最終判断をしようと思い、すぐに予定を調整し、巨大なロックフィルダムがある長野県木祖村に向かいました。

約束していた時間より三十分ほど早く着いたので、確認を含めてダム周辺を見て回りました。その時点で、正式なオファーがあれば引き受けようと心の中で決めていました。つまり、面白い案件であり、やれない理由は見当たらなかったからです。

約束の時間になったところで、お客様用の駐車場に車を停め、足早に管理所に向かいました。そこで、所長はじめダムを管理する職員の方々が、維持管理の現状を丁寧に説明してくれました。

私は、話の詳細と堤体の平面図などを確認しました。私たちが単に除草業務だけに重点を置いている活動ではないことは、管理所長も承知していたことだったので、将来の方向性を感じることができる提案をしようと思いました。

ただ、管理する立場である水資源機構さんが、あくまで業務の範疇の中で、除草管理をすることを望んでいることを、私も重々承知していたので、山羊さんによる除草が可能なのか、可能であれば、どんなやり方で堤体の雑草管理ができるのかを端的にお伝えすることにしました。

しかし、そのやり方、管理の仕方が将来を想像できる重要なポイントでもあります。つまり、従来のやり方では限界がきている、だから、私たちに相談があったのだと受け止めています。

そもそもロックフィルダムは、岩石を積み上げてできています。その内部は、コアと呼ばれる粘土、その両面をフィルター材と呼ばれる砂や砂利で覆い、それらが崩れないように岩（ロック材）を敷き詰めています。

その岩と岩の間から雑草が生え、やがて根が張り木へと成長してしまうと、その根はさらに大きくなり岩を持ち上げてしまう可能性があり、結果として、ダムの強度を損なうことにつながります。

そのため、そうならないよう、そうなっていないことを目視や測量で確認するため、除草作業は定期的に毎年行われています。

現場は傾斜地であること、その傾斜地は岩場であることから機械を投入できず、人力による除草が求められています。ただでさえ、急傾斜地での人力除草は大変ですが、六ヘクタールほどあること、村にはその作業に従事できる人材が、高齢化によりいなくなってきていることが重なったというのが、今回の話の背景にあります。

私は、こうした相談を受けた場合、意識していることがあります。それは、今ではなく将来へのビジョンを想像することです。将来どうなってほしいかということを聞き、その上で目の前の課題を整理していきます。

ゆっくりと今の状況になったものを一変させる方法は、すぐに見つかるものではありません。頑なに今までのやり方を重ねたことで、うまく機能していた仕組みはゆっくりと歯車を狂わせ、衰退してしまったと言えます。

そうした現状に気付きながらも、目の前の問題に触れず、先送りして手を打ってこなかったというのが大きな理由だと思います。

このような相談を受ける場合、そのほとんどが切羽詰っている状況なのが多いですが、それでも、何とかしたいという強い気持ちがある限り、現状を変えられるチャンスが残っていると思います。

しかし、成果が表れるのには時間がかかります。その間、ずっとモチベーションを保つには、活動する方々が、将来のビジョンを共有することが不可欠です。そのため、まず現状を把握し、みんなが共有できる仕組みを作ることが第一歩です。

六ヘクタール以上ある急傾斜地での作業、機械は導入できず、さらに岩が張り出しゴツゴツした状況、全て人力で草刈り作業を強いられる現場は、かなり過酷な現場です。私も元建設業者なのですぐに理解できます。というより、よく今までその状況で作業を続けていたなと、地元で作業に従事してきた方々に感心したぐらいです。

この味噌川ダムは、木曽川の最上流にあることから、当初から木祖村では産業の期待が高いものとして受け止められてきたと聞きました。それは、このダムで毎年行われている行事、例えば、恩恵を受ける下流域との交流が盛んに行われていることからも察しがつきます。

しかし、今となっては、必ずしもその期待に応えていないというのが、村の人たちの今の率直な思いではないかとも聞きました。

ダムを管理する水資源機構としての立場は、あくまで堤体の強度と景観を守ることで、ダムの上流及び下流域の方々に貢献することです。私は、それを大前提とした上で、先方からの質問に答えることにしました。

まず、草刈りをする人を確保できないところは、草を食べる山羊さんたちに任せることができます。その際、山羊さんの体調などを管理する人間が必要になります。また、どうしても食べない草木は、管理する人間が除草することになります。

そこで、山羊さんが除草するので、山羊さんが管理するダムとして、見学に来るお客様も増えるのではないかと予想し、ダムカードにそうした情報を載せれば、全国のダムファンの方々に山羊除草の意味を伝えることができないかと考えました。

将来的には、観光業を中心にした村の産業につなげていく方法があると、山羊除草のメリットとデメリットを織り交ぜながら話していきました。

そして、草の生える四月から雪が降り始める十一月までの間、山羊さんを飼う農業者に除草業務として委託してはどうかと提案しました。四月から十一月までの間、この広大な堤体を放牧地としてみなせば、維持管理費の削減も可能かもしれません。

逆に、維持管理費が支払われることで、畜産業者はベースとなる収入が入り、補助金や助成金に頼ることなく安定した収入を得られることになります。まさに適材適所です。

ただ、それをやりたい人がいるかどうか、それが大きな問題です。しかし、全国的にこのように高度成長期に建設してきたダムなど公共構造物はたくさんあり、その維持管理が課題となっているのも事実です。

私は、このロックフィルダムが持つ急傾斜地の緑地帯を牧草資源だと考えると、新しい活用の仕方が見えてくると思います。後は、それをどの産業とリンクさせ、つなげていくのか、それこそが地域活性を掲げる行政と民間の腕の見せ所だと考えます。

そこで、九月下旬から十月上旬の間で実証実験と言う形で進めることで合意し、私は、木祖村を後にしました。

味噌川ダム管理所の帰途、車で国道二十一号線を南下しながら、木祖村には中山道の藪原宿という宿場町、「山羊さん除草隊」の本拠地である美濃加茂市にも、中山道の太田宿という宿場町があることを思い出していました。私は、宿場町でつながっていることに不思議な縁を感じていました。

普通にありがちなつながりですが、こうした何気ない事実は、何かを進める場合、とても重要なコンテンツになります。そのため、私は、こうしたつながりを見つけると、それを軸にストーリーを組み立てていきます。

味噌川ダム管理所を訪れてから三週間後、風雨に耐えられるシートに覆われたトラックは、十五頭の山羊さんを乗せ、天気予報通りの土砂降りの中、木祖村へ向かっていました。

雨のため出発が少し遅れたものの、ほぼ予定通りに現地に到着できました。早朝から激しく降っていた雨は、予報通り現地に着く頃にはすっかりやみ、薄日が差し始めていました。

二時間半という今までにはない長旅の疲れも見せず、「山羊さん除草隊」の精鋭部隊十五頭は、元気よくロックフィルダムの堤体に飛び出し、岩場の間から生える雑草を食べ始めました。

予め、今回の実証実験をプレス発表していたので、地元の方々やメディアの方々が出迎えてくれ、その様子をカメラで収める者もいれば、人懐っこく近寄ってくる山羊さんに柵越しから触れる人たちもいました。

しばらくして、味噌川ダム管理所長の説明があり、山羊除草の研究をしている岐阜大学の八代田先生の解説がありました。その頃には、まるで今回の実証実験を祝うかのように、ついさっきまで大雨が降っていたとは思えない程、上空には青々とした晴れ間が広がっていました。

味噌川ダムで活躍する山羊さん除草隊

好奇心が旺盛な山羊さんでも、初めての場所に慣れるのには、少し時間がかかります。その特徴として、個人行動を避け、常にお互いを意識できる距離感を大切にし、群れで行動します。

山羊さんたちが、この場所に慣れてきたところで、今度は私たち人間が、堤体の中に入り、意識して移動範囲を広げようと岩場を歩き出すと、山羊さんたちも私たちの後を追ってきます。山羊さんたちと私たちとの間に信頼関係があるからできることですが、こうやって新しい場所は、少しずつ行動できる範囲を広げていきます。

山羊さんたちの中にもリーダーと呼ばれる存在がいて、その山羊さんの行動に敏感に反応するので、私たち人間は、そのリーダー格と信頼関係を築くことが最も大切になってきます。

五時間弱の「山羊さん除草隊」のデモンストレーションが終わり、いつものセリフ「そろそろ帰るぞ」の号令で、十五頭の山羊さんたちは次々にトラックに乗り込み、美濃加茂へ向かって出発しました。

たった一日の実証実験は、現場で見学していた方々に、実際にできると確信させるだけの十分なインパクトを与えたかは分かりません。しかし、この実験をきっかけに、改めて開発された場所は、地域資源になる可能性を持っていると、少しは感じて頂けたのではないかと思います。

私は、昔ながらのやり方に固執するのではなく、必要であれば、時代に合った形にアレンジすること、さらに適材適所を意識し、それを組み立てる必要性を強く感じました。そして、農業は、その期待に応えられると思いました。

私は、この実証実験を機に、今まで以上に実践現場を意識した取組み、さらには観光業につなげる可能性を感じることになりました。

その後も実証実験という形で三年ほど続きました。見学に来る方々の多さから、堤体で除草活動をする山羊さんの魅力を発信できたと思うものの、限られた日程、広大過ぎる堤体では、まるで米粒のように映る小さな山羊さんたちでは、除草能力を十分伝えることができなかったのでないかと考えています。

人手不足は明らかな事実であり、将来、この取組みが実を結び、大都市名古屋を支える味噌川ダムの堤体を、山羊さんたちが守っている、そんなニュースを聞ける日がくることを望んでいます。私たちの役目は、実証実験だけではないことを学びました。

第四章　全国山羊サミット

一、全国山羊サミットin阿蘇

二〇一六年一一月一一日、午後八時に名鉄の名古屋バスターミナルを出発する熊本行の夜行バスを待ちながら、岐阜大学の八代田先生、美濃加茂市の職員二名と私の四名は、ターミナルに併設されたコンビニで夜食を買い込んでいました。

ほぼ定員に達した夜行バスは、時刻通りに出発し、消灯時間となるまで途中二回ほどのトイレ休憩をはさみ、ひたすら目的地に向かって、西へ西へと走り続けました。二度目のトイレ休憩の後、運転手のアナウンスがあり、車内の照明が消されると、座席シートを限界まで倒す音があちこちで聞こえ始め、乗客は静かに深い眠りに落ちていきました。

消灯から六時間ほど経ったでしょうか、私は、何となくざわつく気配を感じ、目を覚ましました。するとすぐに、抑えられた低い声で朝を知らせるアナウンスがされました。窓際に座っていた私は、カーテンの合間から外の様子を覗きました。

奇しくも私の四十六回目の誕生日、二〇一六年四月十四日に起きた、地震の影響で崩れた壮大な石垣を見て、熊本に着いたと思いました。

こうして、初めての熊本の朝は、夜行バスの中で迎えることになりました。熊本の十一月も岐阜と変わらず、ちょっと肌寒く感じる朝でした。

熊本駅で降りた私たちは、そこから五分ほど歩き、予約していたレンタカーに乗り込み、全国山羊サミットの会場となる阿蘇へ向かいました。

本来であれば、車で一時間弱の行程、朝食をとるためコンビニに寄ったとしても、少し余裕を持って到着できるはずでした。しかし、橋などの復旧がされていないこともあり、通常より遠回りすることになりました。

地震の影響は所々で見え、山羊サミットの実行委員会が、このような状況でサミットを開催する意思を固められたこと、また、それを実践する強い気持ちで取り組んできたことに、並々ならぬ想いが詰まっているのだろうと推測しました。

車窓からではあるものの、私は、途中何度も阿蘇の美しい景観に心奪われ、この地で山羊さんたちと生活している自分を妄想する時間を楽しんでいました。

私たちは、何とか時間前にサミットが行われるホテルに着き、ロビーに設置された受付で参加費を支払い、会場へと急ぎました。席に着いてしばらくして、実行委員の挨拶の下、全国山羊サミットin阿蘇の開会宣言がされました。

二百名程の山羊愛好家たちが集い、それぞれ山羊さんに関する事例報告が次々とされていく中、私は、山羊サミットの運営の仕方など、ちょっと違った視点で見ていました。

山羊愛好家と言っても、山羊さんを生涯のパートナーとして一緒に生活している人もいれば、山羊肉の流通拡大や山羊ミルクやチーズ作りに精を出している人、あるいは、近年急激に需要が出始めた緑地帯の除草に興味を持っている人など、さまざまな角度から山羊さんの魅力を感じている人たちの集まりです。

当然、山羊さんをビジネスの対象として考えている人、そうでない人が一つの会合に集まっているので、意見の衝突があるように思われます。

しかし、こうしたイベントに参加される方々は、元々山羊さんが好きというのがベースにあり、いかに山羊さんの魅力を知ってもらえるのかを常に考えているので、お互い距離を置くのではなく、建設的な議論ができているのが特徴です。

私自身も山羊さんと生活することで、どのような仕事を導き出せるかを真剣に考えている一人です。つまり、「山羊さん除草隊」は、山羊さんと人間が一つのチームとして活動することが大前提です。

私の中では、山羊さんだけを除草現場へ派遣する、レンタル事業とは一線を置いていますが、今のところ、その違いは、私自身の意識の差であって、周りから見れば、山羊さんたちが草を食べている風景から、やっていることは同じだと思われても仕方ないと考えています。

阿蘇での山羊サミットは、今までとは少し違った形で進行されました。大きな会場で事例発表することは変わりませんが、その後、いくつかの分科会が計画され、それぞれ興味のあるテーマで議論する機会を設けたことでした。

定番の乳製品、山羊さんの癒し効果、注目されている山羊さんの除草能力など、いくつかのテーマに分かれて行われたことは、山羊さんが持つ魅力が多岐に渡ってあることを証明しています。

山羊さんの愛好家を中心に長年開催されてきた全国山羊サミットは、新しい局面を迎えているのかなと感じました。

参加者は、予想通り山羊さんの魅力に気付いている方ばかり、各分科会の議論もかなり白熱し、それぞれの会場でも予定していた時間をオーバーしたようです。結局、それ以上の議論は、分科会後の懇親会へと持ち越される形で解散となりました。

私が参加した分科会は、山羊さんの癒し効果「ふれ合い授業」の可能性をテーマにしたものでした。そこで、後に新しい研究をスタートさせる先生と学生に出会うことになりました。

私たち「山羊さん除草隊」は、美濃加茂市を中心に、山羊さんのふれ合い授業を年五回ほど行っております。特に教育機関との連携は、万が一の事故、犬や猫の毛アレルギーといった、さまざまな不安を打ち消すことができなければ、なかなか実践できるものではありません。

それでも、動物とのふれ合いの大切さが叫ばれ始めている現実もあり、動物を身近に感じるきっかけさえあればという期待はありました。私は、どこかで、たった一度の実績があれば、そうした不安は一掃できるのではないかと考えていました。

また、子供たちは素直に感情を表現し、その表情から私たち大人は学ぶことが多いことから、ふれ合う子供たちの笑顔が、立ちはだかる壁を破る大きな力になるのではないかと思っていました。

実は、私には猫の毛アレルギーを持つ娘がいます。しかし、山羊さんとふれ合ってもアレルギー症状が出ることはありません。もちろん、全ての子供たちに当てはまりませんが、こうした経験から、少しでも不安を和らげることにつながればと思っています。

机上で理想や課題を語り合うのではなく、感情論は一旦横に置き、建設的に考えることで、一つ一つ絡まってしまった糸を丁寧に解くように進めていくことが重要だと思っています。

本当は小さなハードルも感情的になることで、とても大きく見え、あるいは、その小さなハードルが大きく育ってしまうことだってあります。

つまり、できないと思われる理由を分析し、一つ一つ塗潰していくことは、新しいことを始める上で最も重要なことだと、私が経験上学んできたことです。

分科会に参加し、山羊さんのふれ合い授業の重要性を感じる一人として、その辺りを整理する必要があると強く思いました。

今の私たちには、癒し効果などを証明する手段はないので、山羊さんのふれ合い授業の研究ができないかと思っていましたが、分科会では時間の関係で、そこまで議論が進むことはありませんでした。

さて、各分科会が延長したことで、予定より三十分ほど遅れ、ホテルの宴会場で懇親会が始まりました。

お酒が入る立食パーティーなので、今までのような堅苦しさはなく、お酒を注ぐ仕草が、参加者お互いの距離感を縮め、テーブルに並べられた熊本の郷土料理を囲みながら、終始和やかな楽しい時間を過ごしました。

私は、懇親会が進むにつれ、だんだんと頂いた名刺と顔が一致しない状態になっていきましたが、分科会で論理的な意見を述べられ、気になっていた方と話す機会がありました。

その方は、日本獣医生命科学大学応用生命科学部の小澤先生でした。さらに驚いたのは、山羊さんのふれ合いについて研究をしたいと、昼休み中にホテルの裏庭で紹介されていた学生が、その先生の下で学んでいる学生だったことです。

こうした縁は生かすべき、私の最も得意とするところ、猛プッシュしかないと思った私は、一緒に山羊さんの研究ができないかと即座に持ち掛けました。旅の恥は掻き捨てというよりは、むしろ、こうした場合は、断られることなど想像していません。

岐阜県と東京都では距離が離れているため、一緒に研究ができる環境を整えることは、現実的なことではないかもしれません。

しかし、山羊さんの癒し効果に興味を持ち、それを研究題材として扱いたいという学生、その学生を後押ししてくれる先生と出会う確率を考えたら、距離の問題で悩むことなど、ちっぽけなことだと思いました。

当時は、お酒の入っている席であり、いきなりの申し出だったので、私自身が信用されなくて当然だと思ったので、私の真剣さをアピールすべく、近いうちに上京し、もう一度ご挨拶をしようと思いました。

研究テーマの見通しがうっすらと見えてきたことで、すっかり満足感でいっぱいになっていた頃、懇親会を仕切る司会者の方から、岐阜県から参加した私たちに声がかかりました。

そこで、二〇一七年の全国山羊サミットは、岐阜県でやることが発表されました。実は、昼間の総会で承認を得ていましたが、そこではご挨拶する機会はなく、この終始和やかな懇親会で、改めて紹介され、実行委員長を務める八代田先生が、講義さながら慣れた様子で抱負を述べられました。

私は、壇上で話をする先生を見て、熊本大会からバトンを引き継いだという実感が湧きました。

翌日、私たちは、阿蘇の大自然の中で行われた山羊の技術講習会に参加し、その日の午後に壮大で美しい阿蘇を後にしました。

二、新しい始まり

熊本県阿蘇市での全国山羊サミットから帰ってきた私たちは、興奮冷めやまぬまま、実行委員長を務める岐阜大学の八代田先生を中心に、岐阜県美濃加茂市での開催に必要な準備に取り掛かりました。

岐阜大学応用生物科学部と美濃加茂市、そして私たち「フルージック」との三者協定により、山羊除草の研究が五年間行われることになった時点で、私は、全国山羊サミットを岐阜に誘致することを意識していました。

牛や豚と比較して、山羊はマイナーな家畜です。しかし、全国レベルのイベントを開催することは簡単なことではないことは重々承知していました。

ただ、画期的な三者協定が結ばれ、五年間の研究が始まったことから、どこかで区切りとして、この研究の成果をお披露目する場所が必要だと考えていました。私は、そうすることが、この協定に携わった民間企業の責任の取り方だと考えていました。

ある時、全国山羊サミットをやりたいと発言すると、間髪入れずに「やれるわけがない」と否定されたことがあります。私は、「やるか、やらないかは自分で決めること」、さらに「やれない理由を言ってほしい」と、ついつい熱くなり言い返したことがあります。

結局、やれない理由を聞くことはできませんでしたが、自身の力不足を野次られたようで、かなりショックを受けました。

逆に、そう言われたことで「絶対にやってやる」という強い気持ちが育ち、その為にはどうすべきか、私は、冷静に考えるようになっていきました。

考えてみれば、阿蘇の後は決まっていなかったことという幸運もありました。また、全国山羊ネットワークが会員用に発刊している「ヤギの友」に、山羊除草における活動情報を提供し続けていたことで、徐々に美濃加茂市での活動が認知されていたこと、また、実行委員長を務める八代田先生が、全国山羊ネットワークの事務局の方々と面識があったこともあり、岐阜県でやりたいと想いを伝えたところ、自然と熊本県の後は岐阜県でという流れになっていったのかなと思っています。

いつやるか、それさえ決まれば、それに向かって肉付けをしていくだけです。つまり、出口が分かれば、今置かれている自分たちの位置を確認し、その出口までの行程を組み立て進めていく、例え一つ二つ大きな難題があっても、絶対にやれないことはないと思い、とにかく一歩ずつ前へ進むことを意識しました。

まずは、開催日を決めました。すると、不思議と岐阜県でやるという実感が生まれます。そこで、私の役目は、建設時代と同じ、インフラを整備することだと再認識し、事前に予想される壁を取り除くことにアンテナを張ります。

第一回、第二回と実行委員会が行われ、岐阜県でのサミットでは何をテーマにするか、あるいは、その運営方法が議論され、急ピッチにおおよその骨組みは決まっていきました。

サミットが開催される年は、三者協定の最終年でもあります。決して、偶然ではありません。必然です。そこで、三者協定で実験してきた内容を中心に進めていくことにしました。

一方で、今日まで山羊文化を支えてきた愛好家の方々に感謝しつつ、ビジネスとしての視点、癒し効果を含めたふれ合い授業のあり方など、もう少し間口を広げ、興味を持って頂く機会を増やすことにしました。

五年間の三者協定の成果発表が終われば、あるいは、岐阜での全国山羊サミットが無事開催されれば、「それでよし」、「それで終わり」ではなく、新しい始まりであることを意識してもらいたいと思います。

何ごとも継続すること、必要であれば、形を変えながら続けていくこと、例え目に見える結果が伴っていないと厳しい意見を言われても、将来のビジョンや希望をしっかり持っていれば、目先の結果に捉われることなく、地道に積重ねていくことの重要性を感じてもらえると思いました。

私は、地域企業として、そうした地道な活動に積極的に関わっていきたいと考え、このサミットに全力投球する覚悟を決めました。

三、四年目の報告会

四回目の研究報告会では、新しい始まりを意識して頂けるよう、新企画を打ち出しました。もちろん、急に計画したものではなく、着実に一歩一歩進めてきたものです。それは、第二章の二で紹介した、岐阜県立加茂農林高等学校食品科学科の微生物利用班と、三年ほど前から一緒に進めてきた「山羊さんの置土産から手土産を作ろう」プロジェクトで生まれた、サツマイモを使ったスイーツを提供することでした。

協力してくれたのは、美濃加茂市が所有する「みのかも文化の森」の施設内にある喫茶店でした。

塩麹菌を研究している生徒たちが作るサツマイモドーナツが、三者協定の共同研究報告会開催までの一週間という期間限定のケーキセットとして、メニューのラインナップに加わったのです。

山羊さんの堆肥を使って、一緒に育てたサツマイモを蒸してペースト状にしたものに、生徒たちが作った塩麹菌を混ぜ、それを二晩ほど寝かしてドーナツを作ることにしました。

塩麹菌が働けば、当然旨味成分を感じることになります。メニューに登場する前日、卒業を控えた生徒たちは学校に出てきて、課題研究の集大成となるサツマイモドーナツが、オーブンの中でふっくらと焼き上がっていく様子を、緊張した面持ちで覗き込んでいました。

しばらくして、甘い香りが調理室全体に広がっていきました。その甘い香りに比例して、生徒たちの緊張感も少しずつ和らいでいくのが分かりました。すると、生徒の一人が「先生、焦げてない？」

その声に反応して、すぐに先生が熱くなったトレイをオーブンから取り出すと、若干香ばしい香りと共に薄茶色の焼きドーナツが現れました。

焼き過ぎてしまったのではないかと心配そうな生徒たちの顔が、にこやかな笑顔に変わったのは、熱々の塩麹入りの焼きドーナツを味見した瞬間でした。正直なところ、私も味見するまでは、生徒たちと同じ心境でした。

生徒から「今までで一番おいしいんじゃない？」という言葉が飛び出しました。私も「うんうん、そう思う」と、間髪入れずに賛同しました。

このプロジェクトを三年生から引き継ぐ二年生の生徒二人は、初めて食べたので、比較できないけれど、私たち関わってきたメンバーは、その味の違いに驚きました。

もちろん、塩麹菌が働いたという物理的要因を突き止めていないので、その違いを論理的に説明することはできません。それでも、私にとって、この研究の面白さを実感した瞬間でした。何より、嬉しそうな生徒たちの笑顔が印象的で、この研究にかかわってきて、本当に良かったと心の底から思いました。

翌朝、私の役目は、ケーキセットとして提供してくれる喫茶店に、生徒たちが作った塩麹入り焼きドーナツを納品することでした。届ける焼きドーナツを積んだ車の中は、独特の甘い香りで満たされていました。

日中は暖かい春の日差しを感じるものの、焼きドーナツを届ける早朝は、まだまだ冷え込みが厳しい一日でした。私は、喫茶店のオーナーに盛付の仕方は一任しました。高校生たちが作った塩麹入り焼きドーナツのことが、前日に地元の新聞記者さんから取材されており、記者さんの粋な計らいで、ケーキセットとして提供される日の朝刊に掲載されていました。

喫茶店の常連さんだけでなく、焼きドーナツを目当てに来てくださる方々もいて、二日程で四日分の予定数量が出てしまうという嬉しいハプニングがありました。

さらに、電話予約をして下さる方、リピーターさんが現れたりして、塩麹入り焼きドーナツの評判は上々でした。

ドーナツを食べたお客様からの「おいしい」「また、食べたい」という声が、生徒たちの背中を押し、予定の三倍近くの焼きドーナツが完成し、山羊さんの研究報告会が行われる当日の朝、私は、再び焼きドーナツを喫茶店に届けました。

昨年同様、三者協定の研究報告会が行われる会場、みのかも文化の森のエントランスホールには、山羊さんの活動を紹介するパネルが順序良く展示されています。そのパネルの先には、この日のために出勤している三頭の山羊さんたちが、遊びに来た子どもたちや大人たちを楽しませています。

この「山羊さんの置土産から手土産を作ろう」プロジェクトに関して言えば、昨年までとは違い、焼きドーナツがお店の協力でお客様に提供されたことです。そして、ドーナツを作った生徒たちは、食べてくれたお客様にアンケートをお願いし、今後に生かしていきます。

山羊さんたちのかわいらしさ、初々しい高校生たちの笑顔があり、終始穏やかな雰囲気で報告会の前半が終わりました。後半は、いよいよ四年目の研究報告です。

四年目となると馴れが生じるように思われますが、むしろ、その逆で緊張感が増します。

なぜなら、常に成果が求められているからです。その成果がしっかりと傍聴者の方々を納得させられる内容か、また、過去三年の成果と比較してどうか、などなど一年の評価がその場の一瞬で決まってしまうからです。

今回が四年目、そして、来年が三者の覚書の最終年になることもあり、今までとは違った視点で研究報告をする必要があると、研究に当たっている岐阜大学の八代田先生も私も共通した思いを持っていました。

まずは、美濃加茂市土木課の担当者が、一年の取組みを振り返る形で報告し、続いて岐阜大学の土井君を中心とした学生が四年間続けているデータ集積した結果を発表しました。ここまでは、昨年までと同じです。

そして、八代田先生がまとめた新しい実験データが、傍聴者を納得させるものとなり、山羊さんによる緑地管理の研究が、しっかりと着実に進んでいることを、大きく印象付けさせることとなりました。

最後に、私が「フルージック」を代表して、山羊さんの取組みのつながりと今後の可能性を示し、昨年、熊本県で行われた「全国山羊サミットin阿蘇」の報告をしました。

さらに十一月に行われる「全国山羊サミットinぎふ」の告知を、実行委員長を務める八代田先生から報告されました。こうして、四回目の報告会は、今までにない盛り上がりを見せ、無事に終了しました。

四、山羊除草と人力除草の比較

さて、傍聴者を納得させた岐阜大学の八代田先生、学生の土井君たちがまとめた新しい実験データとは、二〇一六年から始まった山羊除草と人力除草の比較実験の成果でした。

この実験は、水資源機構の木曽川用水総合管理所美濃加茂管理所さんからの提案で、研究費用の協力があり、先生と学生たちによって進められ、まとめられたものでした。

この比較調査は、水資源機構さんが管理する調整池の堤体で行われました。まず、堤体を二等分になるように真ん中に柵を設置し、片方を山羊さんで除草、もう一方を人力で除草するというものです。

実験は、夏と秋の二回行われました。山羊さんが除草する方には、常駐できるように山羊小屋を建てているので、山羊さんの世話、水の手配や健康状態を朝晩の二回、確認しに行きます。

もう一方の人力除草は、人力の草払い機で、地面から三センチから五センチ程度のところで草を刈り、それを集積し、処理施設まで運び処理をします。どちらも作業日報をつけます。

人力の場合は、除草工、集積、草運搬と草処分の合計となります。山羊除草の場合は、山羊のレンタルと管理費の合計となります。しかし、山羊除草の場合には、牧柵設置費用が計上される場合もあり、今回はその費用を加えました。

ここで、今回加算した牧柵設置費用は、毎年かかるものではないことを、把握しておく必要があります。

また、人力除草の場合は、国土交通省土木工事積算基準に基づき計算しましたが、山羊除草の場合は、そういった目安となる単価基準がありません。そのため、私たち「フルージック」が山羊除草で請け負う金額を基に計算することにしました。

ところで、私が出している価格は、あくまで産業として成り立つかどうか、実証実験しながら導き出しているものであり、必ずしも正当な単価ではありません。

むしろ、この比較調査をすることで、利益を得られる正当な単価を導き出したいと考えています。

ここで言えることとは、農業という産業には、農業に従事する労働者の賃金指標がないということです。さらに、ネット上で紹介されている山羊のレンタル費用は、どういった根拠から算出しているのかと聞きたいぐらいです。

正直なところ、生きている動物をモノとして扱い、レンタルという言葉は好ましくありませんが、比較していく上で適切な言葉が見つからず、こうした括りになってしまったこと、山羊さんには申し訳ない気持ちです。

さて、山羊除草と人力除草では、除草後の見た目にも違いが出てくるので、一概に優劣をつけられるほど単純なことではありません。しかし、人口減少を発端とした草刈りをする労働力が減っていく現実を考えると、草食動物の力を借りて緑地管理していくことは、労働力不足を補う選択肢の一つだと考えます。

そう考えると、私は、草食動物と一緒に緑地管理という仕事をする人たちが、生活できる収入、事業として継続していくのに十分な利益を確保することは、当然なことだと思い、喜んでこの研究に協力させて頂きました。

残念なことは、農業という産業は、他の産業と比較して、農業に従事する労働対価を無視した形で、今日まできてしまっている点です。

なぜなら、農作物の単価には、労働賃金が反映されていないと思うからです。そのため、大規模農業や補助や助成で守られた農業者以外は経営が厳しく、若者は他産業へ流失し、農業従事者の高齢化に歯止めがかからない原因になっていると思います。

誤解がないように言っておきますが、就農者の収入を安定させるため、補助や助成で賄う政策を、私は一方的に批判しているわけではありません。

ただ、現状を把握し、どうすれば打開できるのかを冷静に考え、新しい価値観を生み出すこと、例えば、耕作をしない農地を持ち続けている名ばかりの農家から、新規就農者へバトンを渡させるような画期的な政策も、時には必要ではないでしょうか。

人力除草と山羊除草の費用比較というところから、話が脱線してしまいましたが、ここで私が言いたかったのは、他産業と比較することで、農業が抱える課題をはっきりと認識することができるということです。

認識した上で、変えないで今のまま進める方が良いこともあれば、他産業の仕組みを導入した方が良いこともあります。それは、地域によっても違ってくることでしょう。

重要なことは、うまくいかないことには必ず理由があり、それをしっかり把握すること、さらにその現状を受入れることが、こうした課題を解決するために必要だと思います。

その現実に気付きながらも、今ある利益や特権を失いたくないと考えている人たちがいるとしたら、とても悲しいことで、農業には将来性がないと言われても仕方ありません。

人力と山羊除草の比較研究は、単に高いか安いかだけではなく、農業界の問題を浮き彫りにしていく研究でもあります。そして、浮き彫りにすることで、課題が明確となり、それが解決できれば、魅力ある農業へ前進していくものだと思います。

余談ですが、開発工事は高度成長期と比較して減少傾向にあるものの、毎年着々と進められていきます。つまり、管理する緑地帯は増加し続けることを意味しています。人口減少、建設業従事者の減少や定年後の再雇用からくるシルバー人材の減少なども考慮すれば、緑地の管理をする人材がいないこと、これからさらにいなくなることは、誰もが理解できるところです。

そこで、農業者が田畑で作業をしながら、近隣の緑地を管理し、その労働対価を頂く仕組みができれば、収入ベースの安定が図れます。収入ベースが上がれば、補助や助成を受け取る必要はなくなり、健全な産業として自立ができる可能性があります。

また、耕作放棄地となってしまった農地を活用していくために、貸し出しを拒む農家には、税金を段階的に上げていくなど、新規就農者が容易に参入できるよう後押しすることも大切ではないかと思います。

少々荒っぽい言い方をしていますが、「山羊さん除草隊」が生まれ、支持される背景には、こうした地域や農業が抱える切実な課題があり、一向に解決されることなく現状が少しずつ悪化してきているからだと思います。

五、山羊サミットに向けて

熊本県阿蘇市でのサミットで、来年は岐阜県で行うことが了承され（第四章一、参照）、「第十九回全国山羊サミットinぎふ」実行委員会が、岐阜大学応用生物科学部の八代田先生を中心に結成されました。メンバーは、岐阜大学をはじめ、名城大学の学生たちがほとんどです。

実行委員会では、月に一度ほど集まり、どんな内容で進めるのかを話し合いました。そこで、私たち実行委員会が目指すテーマを決めることにしました。

テーマは、「ヤギを感じ、学び、働き、つながる」にしました。つまり、山羊さんを単に家畜として考えるのではなく、山羊さんと一緒に生きることで、合理主義や利益主義で失ってきてしまったものを取り戻す、人や自然とのつながりを再認識したいという想いから決定しました。

それは、美濃加茂市での「山羊さん除草隊」の活動から、私自身が強く感じていたことでもあり、このテーマに決まった時は、とても嬉しく思いました。

もちろん、家畜として考え、畜産業を営む方々もいるので、私たちの提案は一つの選択肢に過ぎないことは重々承知した上でのことです。

実行委員のメンバーは、何かしら山羊さんに関わってきているので、意外と意見はまとまりやすく、内容でもめるようなことは一切ありませんでした。そういう意味では、ここ美濃加茂市での取組みは、みんな共有して進んできたのだと感じました。

戦後、山羊さんの飼育頭数が六十万頭いたこと、現在では二万頭ほどしかいないことを考えると、従来通りの考え方では、畜産業としての限界があると言えます。もちろん、風向きが変われば、V字回復することもあるので、一概に決めつけることはできません。

そこで、山羊さんの良さを再認識する方法として、ヘルシーな山羊肉、栄養価の高い山羊乳といった従来の畜産的発想ではなく、草を食べる除草能力など、役畜という視点からスポットを当てることにしました。

私自身、こうした除草能力の研究はすでにされていることは知っていました。しかし、そうした研究が地域に還元されなければ、お蔵入りの研究論文となってしまうだけ、何とかして陽の目に当たる方法はないかと考えていました。

当然ですが、私たちの経済活動は、人間社会を最優先して行われています。そこに今までとは違う視点で山羊さんの良さを表現できれば、従来の畜産業とは異なる新しい魅力を引き出せるのではないかと考えました。その結果、従来の畜産業を底上げすることにつながるのではないかと思いました。

まずは、山羊さんを身近な存在にすること、それが「山羊さん除草隊」のもう一つの役目であり、私は、山羊さんとのふれ合い授業に力を入れたのです。

山羊さんにふれることで、何か感じることがあります。そして、山羊さんの生態を学ぶことができます。山羊さんと一緒に地域の緑地を管理する仕事が生まれ、働くことができます。そして、山羊さんを通して、人と人がつながっていきます。

山羊サミットを開催することで、山羊さんを通して、全国の方々とつながることができます。私は、こうした人と人とのつながりは、便利さへの追求の中で、失ってきたものではないかと考えます。

岐阜県で行われる全国山羊サミットで、そうした人や自然とのつながりを実感してくれれば嬉しい、私は、その想いを胸に実行委員の一人として参加していました。

さらに言えば、経済動物という概念だけでは、山羊さんの研究が進みません。つまり、病気に対する治療やワクチンの開発が進みません。なぜなら、畜産を営む人たちからすれば、病気になれば淘汰するのがより経済的だからです。

しかし、愛玩動物という認識が広がれば、犬猫の寿命が急激に伸びたように、研究者や獣医師の活躍で、山羊さんが病気になった時の処置方法が改善され、また、病気予防の研究も進んでいくと思います。岐阜県で行われる全国山羊サミットは、そうした視点も踏まえた上で開催されます。

どんなに忙しくても月に一度、実行委員のメンバーは集まり、サミットの準備をしてきました。大きな予算がついて開催されるイベントではないので、メンバーは山羊さんに関わる有志で構成されています。

また、各々が仕事や研究を抱えており、その中で調整して進めていくことは、時間的な制限があり、予想以上にエネルギーがいる作業でした。

特に、小さいながらも全国規模であること、二日間に渡って開催されるため、宿泊施設を抑える必要があり、そのような段取りは未経験だったこともあり、とても神経を遣いました。

一方、胃が痛くなるような段取りばかりではありませんでした。実行委員のメンバーでもある岐阜大学の学生たちが、若い世代の視点からイベントに関する意見や楽しそうな提案をしてくれ、そうした準備は、とても楽しいものでした。

私は、楽しそうに取り組む学生たちの姿から、いつも大きなエネルギーをもらっていました。そこで、私は、あることに気付きました。

それは、優秀な若い人材は都市へ集中し、地方に残らないのではなく、私たち経営者が、学生たちが興味を持つような研究や取組みにアプローチしてこなかったという現実です。

つまり、優秀な若者が地方を去るのは、地域を担う若い世代を育てる、次世代を担う学生たちに投資してこなかった結果ではないか、そう考えるようになりました。

儲かればいい、収益を上げ、給料を上げることばかりに気を取られ、肝心の学生たちの想いを聞こうとしていなかったことに、私は、一人の起業家としてやるせない気持ちになりました。

先生や学生たちがやりたいと思う研究フィールドを整えてきたことは、やっぱり間違いではなかったと思い、今回の山羊サミットは、学生たちの力が大いに発揮できる内容にしたいと思いました。

私は、これから山羊さんとどのように歩んでいくのか、山羊さんと一緒に生活することで、どのような楽しさがあるのか、そうしたことを発信できるイベントになってほしいと心から願いました。

また、山羊さんの共同研究を中心とした産学官の取組みが、五年間続いてきたことは、全国的にも例がなく、サミットに参加される地域からも期待されていることを認識していたので、そうした事例も発信していくことになりました。

少子高齢化が根底にあり、耕作放棄地が留まることなく拡大している現実、つまり、放棄地が増えることは、地方の疲弊が進んでいると言えます。

特に急斜面を要する危険を伴う緑地帯では、高齢者による事故の危険性もあり、そうした土地を管理していくことは、今後さらに難しくなっていきます。

つまり、さまざまな問題から人間に代わる力が必要とされ始めています。例えば、AIのように人工知能を持ったロボットが、これからの期待を一身に背負うことになるでしょう。しかし、私は、除草能力を持つ山羊さんたちも、同じように期待の星だと思っています。

こうした考え方に対し、従来の畜産業とはかけ離れた形だと言われる方もいるでしょう。事実、こうした「山羊さん除草隊」に対し、畜産業ではないと否定的な意見も頂戴してきました。

しかし、大切なことは、時代の流れや変化に対応できることです。補助や助成で従来の畜産業をカバーすることで、農業を守ることではありません。

近い将来、「山羊さん除草隊」は、直面している厳しい農業に光を差し込むかもしれません。それは、直接的な大きな光ではなくとも、間接的に新しい風を予感させる小さな光かもしれません。

極端な言い方をすれば、私は、中山間地におけるビジネスモデルを考えるきっかけになると考えています。それには、山羊さんによる除草業務で完結させるのではなく、山羊さんを中心につながりを持たせることです。

そうした想いをまとめ、私は「山羊さん除草隊、山羊街道を整備する」というテーマで、二〇一八年に開催する「第十九回全国山羊サミットinぎふ」で発表することにしました。

六、全国山羊サミットinぎふ

二〇一八年十一月四日（土）、いつもより早く起きた私は、夜が明けきっていない薄暗い中で車を走らせ、一日目の会場となる岐阜県美濃加茂市のシティホテル美濃加茂に向かいました。

ホテルロビーには、岐阜大学と名城大学の学生たち十数名が、それぞれ与えられた持ち場で準備をしていました。当日は、多少バタつくかなと心配していましたが、そんな気配すら感じさせない状況に、私は、ただただ感心するだけでした。

もちろん、実行委員長である八代田先生の指示もあったでしょうが、学生たちの完璧な段取りのおかげで、サミットの広報や接客を担当していた私は、来賓やメディアの対応だけに集中することができました。

参加者が三百人を超す講演会でしたが、人の流れもスムーズに行われ、ほぼ予定通りの時刻にスタートしました。よく通る声、テンポの良い司会者につられ、来賓の方々の挨拶も会場を沸かせ「第十九回全国山羊サミットinぎふ」は進んでいきました。

私たち「フルージック」は、今までの取組みを基調講演として紹介する予定だったので、私は、半年ほど前から話す内容をまとめていました。最初は、どんな内容にしようかとかなり迷いました。

なぜなら、十九回目となる歴史あるサミットです。山羊さんを中心に畜産を研究されている先生方が多く、また、私たち以上に山羊さんたちと生きてきた経験が深い山羊飼いの方々の前で話さなければいけなかったからです。

さらに、これから山羊さんと一緒に生きていこうと思っている参加者もいるので、何かしら面白い発見、何かしら役に立つ情報を感じて頂ける内容にしなければいけないと考えたからです。

そこで、今までの取組みを整理し、山羊さんからつながっていったものを一枚の図に表すことにしました。整理していくと、「山羊さん除草隊」が歩んだ後には、人と人がつながり、新しいことが生まれていることが分かりました。

そこで、私は、「山羊さん除草隊、山羊街道を整備する」という演題にすることにしました。この講演で伝えたかったことは、「山羊さん除草隊」は一つのきっかけに過ぎず、それぞれの地域の特徴に合わせ、あるいは、山羊さんに関わる方々の想いをつなげれば、いろんな可能性を秘めているということでした。

私たちの取組みをビジネスモデルとして、同じことをする必要などありません。むしろ、同じ形になることはありません。各々の地域が、その特色を生かした形で山羊街道を整備していけば、独自な人とのつながりが生まれます。

人とのつながりが生まれれば、自然と地域に活気が生まれると思います。ここ美濃加茂市では、小学校を中心としたふれ合い授業が開催され、また、山羊さんの堆肥を活用した畑で、新たな特産品作りにつながっています。

こうしてつながった取組みは、午後からの講演で紹介され、参加された方々からも、とても分かりやすい内容で、とても良かったと評価されました。

全国各地からの熱い講演は、休憩を挟みながら夕方まで続き、予定より三十分ほど長くなりながらも、何とか無事終了することができました。

講演会が終了すると、同じ部屋で懇親会が開かれることになっていたので、ホテル従業員と学生たちにより、会場はあっという間にリセットされ、講演会の熱気が冷めないまま、懇親会は始まりました。

全国から集まった二百名以上の山羊マニア、話題に困ることなく、次から次へと人の輪はでき、和気藹々と楽しい時間は、あっという間に流れていきました。

懇親会が終わりに近づいたところで、全国山羊ネットワークの代表から次回の開催地の発表があり、熊本県（阿蘇市）から岐阜県（美濃加茂市）へ渡されたバトンは、

「全国山羊サミットinぎふ」で作成した稲わら
山羊タワー

「全国山羊サミットinぎふ」を終えて

茨城県に渡され、大きな盛り上がりを見せた懇親会は静かに幕を閉じました。

翌日も晴天、サミット二日目がスタートしました。二日目の会場は、岐阜県立の平成記念公園日本昭和村（現在・ぎふ清流里山公園）でした。初日の会場及び宿泊場所から日本昭和村まで離れていたため、美濃加茂市の計らいで、市バスがピストン輸送する段取りになっていました。

二日目は、初日とは違い、開会宣言があるわけではありません。広大な日本昭和村の中にセッティングされた五つの会場へ、各々が移動し、参加していく仕組みになっていました。

公益社団法人畜産技術協会の協力で、山羊を飼う上で必要となる実務講習、例えば、山羊の爪切りや人工授精の実技が行われました。また、名城大学による山羊ミルクを使ったキャラメル作りは、予約の段階で定員オーバーになるほど、とても人気なコーナーでした。

さらに、山羊さんを見ながら、岐阜県立加茂農林高等学校食品科学科の微生物利用班の生徒たちが作った塩麹入りドーナツを食べられる山羊カフェもオープンし、これを目当てに来客する市民の方々も多くありました。

そして、岐阜大学の学生たちによる山羊さんクイズ、山羊さんたちとふれ合えるコーナーも大人気で、一般参加者であふれました。動物エリアでは、山羊さんたちが上り下りできる、稲わらで作った山羊タワーなどなど、学生たちの提案によるインスタ映えするスポットもいくつか作り、これらも大盛況でした。

両日とも天候に恵まれ、初日に参加した全国の山羊マニアだけではなく、二日目の場所を岐阜県立の公園にしたことで、一般のお客様も参加することができ、びっくりするような盛り上がりとなりました。

実行委員だけでなく、宿泊施設となった市内外のホテル、二日目の会場となった日本昭和村やその公園の指定管理者の理解があり、無事成功させることができました。

二日間ともバタバタとすることなく、今回の全国山羊サミットの成功を支えたのは、紛れもなく各エリアに分散し、対応にあたっていた学生たちでした。

私は、このサミットを機に、学生たちが成長する過程に携わりたいと心から思うようになりました。そして、学生たちが研究するフィールドを整えることが、私の役目だと確信しました。

私は、このサミットで、自立した地域、持続可能な地域を目指すなら、私たち地域で活動する者が、次世代を育てることに、もっともっと積極的にかかわっていくことの大切さを学びました。

エピローグ

岐阜大学と美濃加茂市、そして私たち「フルージック」の間で締結された五年間に及ぶ覚書、その後のあり方を模索し、なかなか結論が出ないまま「第十九回全国山羊サミットinぎふ」は、美濃加茂市で行われました。

個人的には、「山羊さん除草隊」を軸にした除草システムの構築から、もう一歩も二歩も踏み出した新しい仕組みを創出するため、新たな協定を結ぶことをサミットで発表したかったというのが本音です。

有言実行ではないですが、特に新しいことに挑む場合は、言葉を発し公にすることで、前へ進む牽引力が生まれると思っているからです。もちろん、言ったことに対する覚悟を持つという意味もあります。

しかしながら、山羊除草の協定による成果というものは、誰の目にも分かりやすい数値で説明できるものではありません。また、そもそも除草自体をやらなければ、費用は発生しません。

山羊さんによる除草で、どれだけ削減できるといったことは説明できても、必ずしも必要な費用なのかと問われれば、言い切れるものでもありません。ただ、「山羊さん除草隊」が活動を開始する前は雑草で覆われていた「さくら広場」が、きれいに保たれるようになったことで、その六年後には、この公園周辺の宅地が売れ、家が建ち始めた事実があります。

つまり、山羊さんたちが雑草を食べ、公園を管理してきたことで、新しく人が住み出すということにつながったと言えます。また、公園がきれいになることで、公園にゴミを捨てる人も激減しました。

目に見える直接的なことだけが成果ではなく、間接的な効果を検証し、それらを数値化できたとしたら、こうした活動はさらに評価され、広がっていくのではないかと思います。

岐阜大学応用生物科学部の八代田先生、五年間の共同研究をサポートしてくれていた学生の土井君と出会ったことで、私の人生は大きく変わりました。極端な言い方をすれば、成長が終わっていたと思っていた自分自身が、先生や学生たちと出会ったことで、再び成長をし始めていると実感していることです。

もちろん、今でも先生や学生たちがやっている研究に対し、私の脳が、百パーセントついていっていることはありません。また、私が、研究者になり、研究論文を書き、発表することもないでしょう。

しかし、先生や学生たちの研究フィールドを整備しサポートすることで、間接的に一緒に研究することはできます。そして、私たちは、研究成果を地域に還元する方法を探し、実践することができます。

偉そうな言い方をすれば、研究論文は人間社会や地域社会に生かされてこそだと思います。そのお手伝いができるのが、私たちです。

そう考えると、研究に携わることが楽しくて、本当に楽しくて仕方なくなってしまいました。そうしているうちに、一緒に研究していた学生が、フルージックに就職してきました。（現在は、退職し岐阜県内の養豚場で修行しています）

私の周りで実際に起こった小さな一つ一つが、いろんな視点を持つきっかけを与えてくれ、モノゴトの本質というものを見極める力を育ててくれています。

その一つが、儲けることが必ずしも人を育てる環境を整えるわけではないということです。「フルージック」の取組みがいろんな審査の対象となることで、さまざまな有識者と呼ばれる方々とお会いする機会があり、意見交換をしてきました。

彼らが見る成果とは、当然なことですが、売上や利益です。とにかく、いかにして収入を増やすかです。しかしながら、地方に人が育っていなければ、売上げを伸ばしたところで継続できません。

人がいなければ、雇えばいいと言いますが、そんな単純なことではないのです。それができるのであれば、地方の人材不足は問題となっていないでしょう。

こうした研究に携わるようになり、私は、地域企業のやるべきことは、学生たちと一緒に歩むこと、そして、次世代を担う学生たちの今に投資をすることが大切だと学びました。

もちろん、私も余裕があるわけではなく、できる範囲でしか投資できません。従って、偉そうなことを言える立場ではありません。

ただ、私の中では、もう少し基礎研究に対して、サポートできるような仕組みが生まれればと思っています。なぜなら、応用は、基礎の上で成立し、その応用力が、地域に活力を与えるからです。

私たちのような地方で活動する小さな企業にとって、次世代を育てることにかかわることは、生き残っていくための手段です。

大げさな言い方をすれば、サポートした研究で生まれた基礎研究の成果は、企業の根幹となる哲学へとつながり、グローバル化の波にも負けない強い軸を育てることにつながっていくと考えます。

つまり、大企業と呼ばれる大船団が地方に押し寄せてきても、ただただ恐怖を覚え、ただただその傘下に入る選択をするのではなく、それを一つの大きな転機だと受け止め、地方で生まれ育ってきた強みを再認識することができれば、大船団と対等に交渉できるチャンスが生まれると思います。

グローバル化の波は、地域の魅力を再構築できる機会、地方が息を吹き返す大チャンスなのかもしれません。

こうしたチャンスを生かすために、現場でしっかりと汗をかける次世代、バランス感覚を持った人材を育成していくことが大切です。

私にとって、「山羊さん除草隊」は、人と人をつなげるきっかけをくれ、人を育てることの大切さを教えてくれました。また、人間の経済活動の中で、動植物との共生が本当にできるのかという葛藤を与えてくれました。

私は、葛藤するたびに新しい視点が生まれ、進化しているように感じています。とはいえ、葛藤する裏にはどれだけ涙を流さなければいけないか、逃げ出したい感情が生まれるのも事実です。

あとがき

冬期マイナス十度を下回る地域で、豊富な温泉を活用した温泉ハウスを建て、熱帯果実の一つ「ドラゴンフルーツ（奥飛騨ドラゴン）」を栽培してから五年もしないうちに、新たに「山羊さん除草隊」を組織し、もう一つの農業収入の柱に育て上げるとは想像していませんでした。

ただ、今思うと「山羊さん除草隊」を組織することは、必然の流れだったように感じています。また、山羊さんに対してどんどん惹かれていったのも、私の性格を考えると理解できます。

ドラゴンフルーツという名前は知っていても、ほとんどの方は「味がなくておいしくない」という印象を持っています。しかしながら、ドラゴンフルーツの持っているポテンシャルは、他の果実と比較しても圧倒的に高いです。

山羊さんは、戦後六十万頭以上いたにもかかわらず、牛や豚など経済動物として劣ると判断され、淘汰された結果、今では二万頭ほどです。しかし、人に懐く性格や除草能力があること、小型で飼育しやすい点など、牛や豚とは違ったポテンシャルをたくさん秘めています。

つまり、ドラゴンフルーツと山羊さんに共通する点は、持っているポテンシャルが正当に評価されていないところです。そういった残念な事実を受入れ、どのように表現すれば覆すことができるのか、私は、そこに強い関心があります。

また、ドラゴンフルーツの栽培では、地域資源の豊富な温泉エネルギーを活用しています。山羊さんによる除草では、開発されたものの維持管理が難しくなってきた緑地帯を地域資源として考え、そのような場所の維持を山羊さんに任せています。

つまり、双方とも地域の特徴を受入れ、いかに循環できる仕組みを創り上げるか、そして、技術や文化があればそれらの力を借り、なるべく負荷のかからない循環型の産業を創り出すことをテーマにしています。

こうした地域密着型の温泉農業と山羊農業の活動が評価され、二〇一七年、第四十九回日本農業賞「懸け橋の部」で、特別賞を受賞することになりました。

視点を変えるだけで、魅力ある形へと生まれ変わるチャンスとなります。賞を取ったことで、私は、新しいニーズを開拓することが、地方の魅力の再構築につながっていくことになると自信を持つことができました。

そして、時代の流れを感じながら、マニュアルにない提案をし、実践できる人材を育てていくことが、地方で起業をする者の役目だと考えています。

決して、新しいことを生み出しているわけではありません。昔ながらにあった手法を思い出し、失ってしまったつながりを意識して、今までとは違う視点で、つなげる場所を変えるだけで、新しい可能性が生まれるのです。

二〇一八年六月十二日、美濃加茂市、美濃加茂市教育委員会、国立大学法人岐阜大学応用生物科学部、私たち「フルージック」との四者で覚書が締結されました。

三者の覚書からの延長でもあり、新たに教育委員会が加わることで、教育分野につなげていこうというものです。その内容は、山羊によるふれ合い、農業体験、その他の学習活動等を通して、次世代における農業理解を促進させること、児童生徒の健全な育成を図るためのモデル事業を実施し、産学官が連携した教育プログラムを構築することを目的としています。

この覚書を機に、美濃加茂市では教育委員会が主催する小学校での「山羊さんふれ合い授業」を開催、また、夏休みキッズクラブなどを実施しています。

そんな中、岐阜県でＣＳＦ（豚熱）が発生、その影響を受け、ぎふ清流里山公園の動物エリアでふれ合うことができたミニブタ二頭（とん吉・とん平）が、近隣の養豚研究所や養豚施設を守ること、つまり、予防を目的に殺処分させられてしまいました。

ずっと世話をしてきた飼育員たちの想いを考えると、他人ごとではなく、仕方ない苦渋の選択だったという言葉だけで終わらせてしまっていいものか、動物愛護法から考えれば、守られるべき命だったはず、日々その葛藤は膨れ上がるばかりです。

それでも、それぞれの立場がある中で、緊急を要する中、より最善の方法を選択する難しさは、私が軽々しく論ずるものではありません。

ただ、こうしたことから、動物と生きることに対しての規制がより厳重化され、ふれ合いなど動物との接点が奪われることになれば、より人間中心の思想となり、モノゴトを短絡的に判断しかねないと、私は危惧しています。

動物は、人間のために存在しているわけではないこと、そして、奪っていい命などこの世界に存在しないことを私たち自身が再確認し、次世代に伝えていくことが大切であり、それが私たちの使命でもあるのではないかと考えます。

戦時中の「かわいそうなぞうさん」を読んで育ってきた私たちが、時代背景など状況は違えども、結果として、同じことを繰り返してしまったことに対し、何とも言えない虚しさが残ります。

誰が正しくて、誰が間違っているということではありません。しかし、人口減少を発端とした労働力不足から、海外からの労働者が日本、そして農業界に入ってくることを考えると、こうした問題はさらに起こり得ることだと考えます。

だからこそ、人間中心の立場で考えるのではなく、動植物側の立場、多面的な視点から考え、共存できる仕組みが生まれていくことを切に願っています。

その一つの解決策となるかは分かりませんが、大学の基礎研究の重要さ、また、動植物とのふれ合いを通して、お互いの立場を理解する教育が求められていると考えます。

これからも農業を基盤とした、教育機関と連携した取組みを提案及び実践し、地域の発展に寄与できる地域企業、農業人として、そして、一人の人間としての生き方を模索していきたいと考えています。

ただ、建設業から農業に参入して十年ちょっと、岐阜県高山市奥飛騨温泉郷の温泉農業と美濃加茂市の山羊農業に携わり感じたことは、農業は、産業ではないということです。

極端な言い方をすれば、農業は、教育に似ているということです。農業は、常に自然に左右されます。また、農業がなければ、人類は滅亡します。教育を受けた人間が育たなければ、人類が滅亡するのと同じです。

農業にも教育にも言えることは、百パーセントの答えが用意されているわけではないということです。つまり、身を粉にして尽したからといって、すぐに見返りを求め過ぎてしまうことには違和感を覚えます。

とはいえ、継続していくには対価が当然必要で、私は、農業を生きていくための手段として選択した以上、ビジネスとして成立させなければなりません。敢えて、理想を言えば、ただただ利益を上げるためではなく、地域の成長と共に歩んでいけたらと思っています。

理想と現実の両立は難しいですが、農業は教育に通じることを知ってしまった以上、両立のため取組んでいくことを目指したいです。

山羊さんの共同研究は、人を育てる教育関係と一緒に歩んでいくことになり、農業が教えてくれる倫理観の必要性を再認識することになることでしょう。

目先の利益や結果に捉われず、長期的な視点を持ち、地域にとって必要だと言われる、そんな起業家になり、そんな企業に「フルージック」が成長していくことを目指します。

最後に、今まで以上に影で支えてくれている仲間や家族には深く感謝しています。

また、はっきりとした理由など説明せず、自身の心の迷いから出版が二年ほど遅れてしまったにもかかわらず、文句ひとつ言わず、ずっとこの日を待ち続けてくれ、的確にアドバイスして下さったまつお出版の松尾一様には、感謝しきれない気持ちでいっぱいです。

そして、私の心の迷いを払拭してくれ、この本の出版を後押ししてくれたのは、プロローグでも書いたように、生と死は常に隣り合わせであり、死から生を考えるきっかけとなったある言葉でした。その言葉とは、学生時代、獣医を目指していた私にとってかけがえのない同級生からでした。高校卒業から三十年の時を経て届いた手紙に「獣医とは基本殺すこと、延命はしない」という厳しいものでした。

もちろん、その厳しい言葉の裏には、納まりきらない深い深い愛があることを、私は知っています。だからこそ、現実という中から一抹の光を見つけ、信じた道を迷わず突っ走って行けと背中を押されたように感じ、この本を完成させることができたのです。

本当に心から感謝申し上げます。ありがとうございました。

二〇一九年八月八日

渡辺　祥二

著者紹介

渡辺　祥二（わたなべ　しょうじ）

昭和45年4月14日、岐阜県で生まれる
岐阜県立加茂高等学校理数科卒業
高校２年の時、アメリカ・ミシガン州のカレドニア高校、１年間留学（同校卒業）
明治大学法学部法律学科卒業
建設業界に進み、独学で一級土木施行管理技士、測量士などを取得
現在：農業生産法人（有）FRUSIC（フルージック）代表取締役
「農業を通じて、地域で起業する意味と面白さ、環境に配慮した取組みの継続」をキーワードにして活躍中
著書に『奥飛騨ドラゴン』（まつお出版）がある

イラスト：Yuzuki

山羊（やぎ）さん除草隊（じょそうたい）

2020年8月1日　　第1刷

著　者　　渡辺　祥二（わたなべ　しょうじ）
発行者　　松尾　一
発行所　　まつお出版
〒500-8415
岐阜市加納中広江町68　横山ビル
電話　058-274-9479
郵便振替　00880-7-114873

印刷所　　ニホン美術印刷株式会社

ISBN978 - 4 - 944168 - 49 - 1　C0095